"十二五"国家重点图书出版规划项目

数学文化小丛书

李大潜　主编

谈 天 说 地 话 历 法

Tantianshuodi Hua Lifa

徐诚浩

U0151442

高等教育出版社·北京

图书在版编目（ＣＩＰ）数据

谈天说地话历法/徐诚浩编.－－北京:高等教育
出版社,2015.12（2023.4重印）
（数学文化小丛书/李大潜主编.第3辑）
ISBN 978-7-04-044018-8

Ⅰ.①谈… Ⅱ.①徐… Ⅲ.①历法-普及读物 Ⅳ.
①P194-49

中国版本图书馆 CIP 数据核字(2015)第 245968 号

项目策划 李艳馥 李 蕊

策划编辑 李 蕊	责任编辑 李 茜	封面设计 张 楠
版式设计 王艳红	插图绘制 杜晓丹	责任校对 刁丽丽
责任印制 存 怡		

出版发行	高等教育出版社	咨询电话	400-810-0598
社　址	北京市西城区德外大街4号	网　址	http://www.hep.edu.cn
邮政编码	100120		http://www.hep.com.cn
印　刷	中煤（北京）印务有限公司	网上订购	http://www.landraco.com
开　本	787mm×960mm　1/32		http://www.landraco.com.cn
印　张	3.625	版　次	2015 年12月第 1 版
字　数	70 千字	印　次	2023 年 4 月第 8 次印刷
购书热线	010-58581118	定　价	11.00元

数学文化小丛书编委会

数学文化小丛书总序

　　整个数学的发展史是和人类物质文明和精神文明的发展史交融在一起的。数学不仅是一种精确的语言和工具、一门博大精深并应用广泛的科学，而且更是一种先进的文化。它在人类文明的进程中一直起着积极的推动作用，是人类文明的一个重要支柱。

　　要学好数学，不等于拼命做习题、背公式，而是要着重领会数学的思想方法和精神实质，了解数学在人类文明发展中所起的关键作用，自觉地接受数学文化的熏陶。只有这样，才能从根本上体现素质教育的要求，并为全民族思想文化素质的提高夯实基础。

　　鉴于目前充分认识到这一点的人还不多，更远未引起各方面足够的重视，很有必要在较大的范围内大力进行宣传、引导工作。本丛书正是在这样的背景下，本着弘扬和普及数学文化的宗旨而编辑出版的。

　　为了使包括中学生在内的广大读者都能有所收益，本丛书将着力精选那些对人类文明的发展起过重要作用、在深化人类对世界的认识或推动人类对世界的改造方面有某种里程碑意义的主题，由学有专长的学者执笔，抓住主要的线索和本质的内容，由浅入深并简明生动地向读者介绍数学文化的丰富内涵、数学文化史诗中一些重要的篇章以及古今中外一些著名数学家的优秀品质及历史功绩等内容。每个专题篇幅不长，并相对独立，以易于阅读、便于携带且尽可能降低书价为原则，有的专题单独成册，有些专题则联合成册。

希望广大读者能通过阅读这套丛书，走近数学、品味数学和理解数学，充分感受数学文化的魅力和作用，进一步打开视野、启迪心智，在今后的学习与工作中取得更出色的成绩。

李大潜

2005 年 12 月

前　言

　　"历法"是大家熟悉的常用名词,它与我们日常生活是须臾不可分离、密切相关的。可以说,历法与空气和水一样,是人类生活不可或缺的,是人人、事事都离不开的好伴侣。

　　自古至今,直至将来,制定精确的历法而且不断予以修正,始终是一件非常重要而又艰巨复杂的事情。

　　白天黑夜,冬冷夏热,月圆复缺,潮汐变化,这种周而复始的自然现象与地球、太阳和月亮的运行规律有关,制定历法的依据就是对于天体运行规律的认识。有史以来人们一直通过观察天象变化而制定历法,并且随着对天体运行规律认识的加深,不断地在修正历法。

　　为了认识和描述天体运行规律,天文学和数学就应运而生,而数学更在其中发挥了独特的作用。

　　"历法"无疑是天文学中的最实用的内容之一。关于历法与数学的关系,我在本丛书第一辑的《连分数与历法》一书中,已经作了一些介绍。例如,如何计算日食和月食的发生周期?在阳历和阴历中,安排闰年与闰月的依据是什么?节气有什么用处？等等。但总感到意犹未尽，还有一些与人类生活密切相关的历法常识要与读者交流，这本小册子可以看作是《连分数与历法》的一个续篇，但可独立阅读而无任何困难。在本书中修正了在《连分数与历法》中的一些错误和不妥当之处。

虽然人们常常在运用历法，但是有不少事情实际上是不清楚的，甚至经常"犯错误"。例如认为：阴历与农历是一回事，节气属于阴历，2014年的情人节与元宵节"双节合一"是偶然的巧合，每个节气的日期区间是固定的。还有，公历是怎么起源和发展的？我国现在使用的被称为"农历"的历法，有什么优越性？农历的闰月和大小月有没有简单的确定方法？黄梅天和三伏天是怎么规定的？为什么地球上的人，不管在哪个地区，不管在什么时间，所能看到的月面的图案总是一样的，而且都是永不改变的？为什么在地球上总是看不到月亮背面的"庐山真面目"？月相变化是怎么一回事？月食与日食是怎样发生的？喧嚣一时的"2012年冬至是世界末日"预言，真的是一场无中生有的闹剧吗？与历法有没有关系？等等。

所有这一切表明，采用通俗的讲解方法，对大众普及一些常用的历法知识，还是很有必要的。这也是我写此书的动机和动力。

必须要申明的是，我仅仅是一个天文科学的业余爱好者，写这本小册子的目的，是为了普及历法常识、弘扬数学文化。书中所介绍的内容是我多年来的学习心得、理解和总结，部分内容是根据网络资料编写而成的，理解错误和叙述不妥当之处在所难免，恳请读者和专家批评指正。书中引用的史料和图片，因为无法一一注明其出处和作者，只能在此一并致谢。对于史料，由于存在着学术观点的差异，众说纷纭，对于本书所述，只能作为参考，不足为据。在本书的编写过程中，李大潜院士反复修改了原稿；关于节气日期变动范围的讨论，还有幸得到了我国天文学名词审定委员会多位专家的指导；南京大学的萧耐园教授反复、认真地纠正了书稿中专业名词和史料的错误或者不妥当之处；台湾淡江大学的秦一男教授热情为我解疑释惑，对此，我一并致以诚挚的感谢。

徐诚浩　2015 年 6 月　于上海

目　录

一、公历的起源与发展

人类在远古时代就发现了一些与生活密切相关的天象：太阳周而复始地升起和降落、月面有规律地呈现出各种图像等。与此相关联的是，天空有黑白之分，气候有冷暖之别，潮汐有涨落之变。为了安排生产与生活，人类渐渐意识到必须要制定历法来指导人们的生产和生活。

大家知道，地球在自转的同时也在围绕着太阳旋转 (称为**公转**)，月球在自转的同时也在围绕着地球公转，制定历法一定与这些旋转的周期和运行规律有关。由于这些周期之间的关系不是简单的整数之比，而天体的旋转轨道也不是简单的圆形，所以制定历法，从古至今一直是一件极其重要而又艰巨复杂的事情。它依赖于当时人们对天象变化的认识程度和数学计算的发展水平，历法的先进性和精确程度反映出当时的天文学和数学的发展水平。

从大的方面来说，历法可以分为三大类：纯粹是根据地球围绕着太阳旋转的运行规律制定的称为**太阳历**，纯粹是根据月球围绕着地球旋转的运行规律制定的称为**太阴历**,两者兼顾的称为**阴阳历**。本节介绍三个重要的太阳历,在第二节将介绍太阴历和阴阳历。

(一) 埃 及 历

现在我们有时把全世界通用的公历称为"西历",好像它起源于西方,其实这是不正确的,因为西方国家迟至 16 世纪才普遍采用它。公历起源于 6 000 多年前的东方古埃及历法。

大家知道,埃及的大部分国土都是沙漠,气候炎热,雨水稀少,那么,为什么农业生产却很发达呢? 为什么有先进的天文历法和神奇的金字塔呢? 这都是由于有一条尼罗河从南到北贯穿其间,而且它非常有规律地定期泛滥。在埃及境内,尼罗河每年定期开始逐渐涨水,以后几个月是泛滥期,这时洪水挟带着大量腐烂繁殖的物质,灌满了两岸已经龟裂的农田。几个星期后,当洪水退去时,农田里就留下了一层厚厚的肥沃淤泥,人们乘机开始播种生产。更为重要的是,尼罗河每年的涨水基本上是定时定量的,既不会干旱,也不会成灾。古埃及人很早就有大规模的水利灌溉系统和精确的大地测量技术,当然,这更为制定历法提供了得天独厚的有利条件。

古埃及人在长期的生产和生活实践中,逐渐地发现了尼罗河每两次泛滥之间大约相隔 365 日 (大约在公元前 13 世纪,就已经精确到 365.25 日)。他们还发现, 每年 7 月 (按照现在的说法) 中旬的某一天拂晓, 当尼罗河水的潮头来到 (今天的) 开罗附近时, 天狼星从东方地平线上升起, 紧接着太阳也从东方地平线上升起 (称为偕日升)。天狼星是夜空中最亮的一颗星, 被埃及人顶礼膜拜为神明之星。它的出现意味着夏天来临, 是人类生产和生活的最佳时期。以此为根据, 古埃及人便把一年定为 365 日, 把天狼星与太阳先后从东方地平线上升起的那一天, 定为一年的起点。把一年分为 12 个月, 每月 30 日, 年终加 5 天作为节日, 这就是埃及历。它显然是一种太阳历。

现在我们知道, 地球围绕太阳旋转一周是 365.242 2 日, 就是常说的回归年, 所以这个埃及历是不精确的。

(二) 儒 略 历

罗马人从公元前 45 年起采用修正的埃及历, 它是罗马共和国执政者儒略·恺撒 (Julius Caesar, 公元前 100—公元前 44 年) 请某位埃及天文学家制定的。它把埃及年中多余的 5 天分插在全年之中。将全年分为 12 个月, 单月是大月, 每月 31 日; 双月是小月, 每月 30 日, 但是 2 月只有 29 日, 全年仍是 365 日。为了与回归年相吻合 (同步), 再作规定: 每个第四年的 2 月是 30 日, 这一年称为"闰年", 其中的 2 月称为"闰月"。这就是说, 当时采用的是"四年一闰"。这样, 平均每年有 365.25 日, 与回归年很接近了。

但是现在通用的公历，是把一年中 12 个月分成两部分：1、3、5、7、8、10、12 月为大月，每月 31 日；4、6、9、11 月为小月，每月 30 日；平年的 2 月为 28 日，闰年的 2 月为 29 日。这又是怎么一回事？

这是为了纪念罗马帝国的开国君主盖乌斯·屋大维 (Gaius Julius Caesar Octavius, 公元前 63 年 9 月 23 日—公元 14 年 8 月 19 日)。

患有严重癫痫病的儒略·恺撒被元老院的人刺死后，著名的罗马将军马克·安东尼建议将恺撒大帝诞生的 7 月，用恺撒的名字儒略 (拉丁文 Julius) 命名。这一建议得到了元老院的通过，于是英语的 7 月就是 July。

儒略·恺撒死后，由他的甥孙屋大维续任罗马皇帝。为了与恺撒齐名，他想效仿之。他的生日在 9 月，但他却看中 8 月，这是因为他登基后，罗马元老院在 8 月授予他 Augustus (奥古斯都，意思是受尊崇者) 的尊号。于是，他决定用这个尊号来命名 8 月。可是原来的 8 月是小月，他决定从 2 月中抽出一天加在 8 月上变为大月，因而把 9 月、11 月改为小月，10 月、12 月改为大月。所以实际结果是：有四个月是 30 日，有七个月是 31 日，2 月份是"不祥之月"，平年是 28 日，闰年是 29 日。英语 8 月为 August 就是由此而来。

我们具体来计算一下：4 个儒略年的总天数是 $365 \times 4 + 1 = 1461$ 日，可是 4 个回归年的总天数应该是 365.242 2×4=1 460.968 8 日。这就是说，每过 4 年就要多出 0.031 2 日，每过 400 年就要多出 3.12 日，大约多"闰"了 3 日，所以儒略历还需要进一步改进。

(三) 格 里 历

为了更接近回归年，就需要制定新的历法，要处置儒略历中那多"闰"了的 3 日。在 1582 年，罗马教皇格里高利 (Gregory) 十三世将儒略历作了一些修改。他进一步规定："年数是 400 的倍数者仍是闰年，但其他的逢百之年却为平年。"这样一来，每 400 年就少"闰"了 3 日，也就是说，他把规定闰年的方法改为"四年一闰，百年少一闰，四百年加一闰"。这个就是现在全世界通用的"公历"，由此可见它是从东方的埃及历演变而来的。

我们作如下比较：

在每 400 个回归年中，共有

$$365.242 \ 2×400=146 \ 096.88 \ 日$$

在每 400 个儒略年中，有 100 个闰年，共有

$$365×400+100=146 \ 100 \ 日$$

在每 400 个格里年中，有 97 个闰年，共有

$$365×400+97=146 \ 097 \ 日$$

可见格里年更接近回归年。

关于格里历，有一个历史事实必须要交代清楚。因为儒略历虽然比埃及历有进步，但儒略年比

回归年多了 11 分 14 秒, 累积 128 年就要多出接近一天。儒略历在欧洲通行了 1 600 多年, 至 16 世纪下半叶, 儒略历的日期比回归年的日期提前了 10 天。例如, 1583 年的春分应该在 3 月 21 日, 可是在儒略历上却是 3 月 11 日。此外, 教会规定耶稣复活节, 应该在过了春分的月圆后的第一个星期日, 由于春分日期已相差 10 天之多, 使得耶稣究竟在哪一天复活的, 也算不准确了。因此, 格里高利十三世, 宣布将 1582 年 10 月 5 日到 14 日之间的 10 天取消, 把原来的 10 月 5 日改为 10 月 15 日, 这样, 1583 年的春分就是 3 月 21 日了。所以, 在现在所用的公历中是没有 1582 年 10 月 5 日到 14 日的。这是公历中仅有的一个空白区间!

当然, 格里历也不是绝对精确的, 每经过三千多年还会有一天的误差。随着天文学和数学的发展, 可以预计将来会有更加精确的历法。

关于格里历, 据说还有一个与愚人节有关的趣闻。1584 年, 法国首先采用格里历, 把 1 月 1 日作为新年的第一天。但是一些因循守旧的人反对这种改革, 依然按照当时实行的旧历, 固执地仍然在 4 月 1 日这一天互送礼品以庆祝新年。于是主张改革的人对他们的保守做法大加嘲弄, 给他们送假礼品, 邀请他们来参加一个假的招待会, 并把这些上当受骗的人称为 "四月傻瓜" 和 "上钩的鱼"。从此人们在 4 月 1 日便互相愚弄, 成为流行的愚人节风俗。

(四) 公历是从哪一年开始的

这是一个有争议的问题，但是有个共识，就是它不是在公元一年制定和施行的。普遍认可的事实如下：

公元 325 年，罗马皇帝君士坦丁在一次宗教会议上，规定儒略历为基督教的历法，但是并没有规定哪一年是元年。公元 525 年，一个叫狄奥尼西的僧侣，为了预先推算 7 年后 (即公元 532 年) "复活节" 的日期，提出了所谓耶稣诞生在古罗马的狄奥克列颠纪元之前 284 年的说法，并且主张以耶稣诞生之年作为公元元年。这个主张得到了教会的大力支持，在公元 532 年，此纪年法在教会中使用。所谓 "公元"，就是公历纪。公元常以 A.D. (拉丁文 Anno Domini 的缩写，意为 "主的生年") 表示，公元前则以 B.C.(英文 Before Christ 的缩写，意为 "基督以前") 表示。这就是说，公历纪年的起点是公元 1 年 (就是中国西汉的平帝元年)，而没有 "公元 0 年"。由此可以认为 "21 世纪始于 2001 年" 的说法是合理的，2000 年是 20 世纪末年。

关于耶稣诞生在哪一年，一直是有争议的，因为都是根据不同的史料往前推算出来的。根据新约圣经里各个篇章的记载，可能会对耶稣的出生年得出不同的结论。有些学者认为耶稣出生在公元前 4 年。

二、中国历法的特点

太阳历的一年是回归年，是地球围绕着太阳旋转一周的时间，大约为 365.242 2 日，就是 365 日 5 小时 48 分 46 秒。

把太阴历的每月初一的新月称为"朔"，十五的满月称为"望"。两个新月之间所隔时间称为"太阴月"（我国古人称月球为太阴)，又称"朔望月"，平均大约为 29.530 6 日，就是 29 日 12 小时 44 分 3.84 秒。太阴历的一年是 12 个朔望月，组成一个阴历年。顺便说明一下：月球围绕着地球旋转一周的时间称为"恒星月"，大约为 27.321 7 日，而在天文学上的朔望月是太阳和月球视运动的会合周期，这两者是不同的。恒星月的参照物是在无穷远处的恒星，而朔望月的参照物是太阳。朔望月比恒星月长的原因，是因为在月球运行期间，地球本身也在绕太阳的轨道上前进了一段距离 (见图 1)。在后文中，凡是说到"月球围绕地球旋转一周"都指的是视运动的会合周期，就是一个朔望月，而不是恒星月。

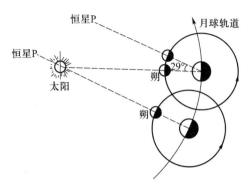

图 1　朔望月与恒星月

在我国,自古以来采用的一直是阴阳历,确切地说是一种四位一体的阴阳历。它包含以下四个方面的内容:把"朔望月"作为一个月(就是通常所说的阴历月,或者农历月),反映了月球、太阳与地球之间的运行关系;采用"在十九年中插入七个闰年"的方法,消除阴历年与回归年的差值积累,而回归年反映了太阳与地球之间的运行关系;在一个回归年中设置了二十四个节气,反映了一年中气候的变化,指导农业生产和生活;更插入了便于表述的天干地支纪年法,六十年周而复始一次。

我国的历法有多少种?据统计,有名称可考的中国古代历法,共有 115 种。其中著名的有汉朝时期(公元前 206—公元 220 年)的**太初历**、南北朝时期(公元 420—589 年)的**大明历**、公元 7 世纪传入我国的**回历**和清朝顺治二年(1645 年)颁行的**时宪历**。现逐个介绍如下。

(一) 太 初 历

公元前 104 年 (西汉汉武帝元封七年, 也就是太初一年), 汉武帝刘彻下令, 废除秦朝的《颛顼历》, 采用由司马迁等人制定的新历法《太初历》, 它被后人称为《汉历》。《太初历》是中国古代第一部比较完整的, 且有完整文字记载的汉族历法, 也是当时世界上最先进的历法。

《太初历》测定一个回归年为 365.250 16 日, 一个朔望月为 29.530 86 日; 将原来以十月为岁首改为以正月为岁首; 开始完整地采用有利于农时的二十四个节气; 规定没有中气的月份为闰月。显然, 《太初历》是阴阳合历。

《太初历》问世以后, 一共用了 189 年 (从公元前 104 年至公元 85 年), 这是我国历法史上一个划时代的进步。

《太初历》的原著早已失传, 在西汉末年, 刘歆 (?—公元 23 年, 是中国数学史上研究圆周率的第一人) 基本上采用了《太初历》的数据, 根据《太初历》制定出《三统历》, 一直流传至今。

(二) 大 明 历

在我国南北朝时期 (公元 420—589 年), 南朝出了一位杰出的科学家祖冲之 (公元 429—500 年)。他不仅是一位数学家, 同时还通晓天文历法、机械制造、音乐等。

大家普遍知道的,祖冲之流传于后世的是以下两个杰出成果:

第一,公元460年,他计算出圆周率在3.141 592 6与3.141 592 7之间,成为世界上第一个把圆周率计算准确到小数点后第七位的人。他的这个世界纪录保持了一千二百多年!

大家知道,我国在宋朝(公元960—1279年)才开始有算盘作为计算工具。在此以前的计算工具是由一些小竹棍、小木条或小骨条制成的"算筹",他们的一切计算都是趴在地上摆弄很多算筹才算出来的,这多么令人惊叹!

第二,他测出了地球绕太阳旋转一周的时间是365.242 814 81日,与现在知道的365.242 2日相比,已经准确到了小数点后第三位,误差只有46秒,实属不易!另外,他发现了当时使用的历法中的错误,制定出当时最好的《大明历》。可惜遭到权势人物和孝武皇帝的反对,直到祖冲之死后十年,由于他的儿子祖暅再三坚持,并经过实际天象的检验,《大明历》才被正式颁行。

(三) 时 宪 历

说到时宪历,有一段离奇、曲折和悲戚的故事。主人公是一位到中国来传播天主教和西方科学文化的德国神父约翰·亚当·沙尔·冯·白尔 (Johann Adam Schall von Bell, 1592—1666)。他把德文姓名"亚当"改为"汤","约翰"改为"若望",取名汤若望，他的字是"道未"，取自于《孟子》的"望道而未见之"（期望得到道却似乎从来没有见过道）。

1630年（崇祯三年），由礼部尚书徐光启上书朝廷，推荐汤若望供职于钦天监，译著历书，制作天文仪器。

中国古代，制定和颁布历法是皇权的象征，列为朝廷的要政。帝制时代，历书是由皇帝颁布的，并规定只许官方刊印，不准私人刻印，所以历书又叫"皇历"。历代王朝都在政府机构中设有专门司天的天文机构，称为太史局、司天局、司天监、钦天监等，配备一定数量的具有专门知识的学者进行天文研究和历书编算。历法在中国的功能除了为农业生产和社会生活授时服务以外，更要为王朝沟通天意、趋吉避凶。日、月食和各种异常天象的出现，常常被看作是上天出示的警告。这就是"天垂象，示吉凶，圣人则之"。

自明初开始到万历年间，大约二百年的时期中，天文历法的研究陷于停顿的状态。明初统治者对天文历法采取了极其严厉的政策："习历者遣戍，造历者殊死"。有关官员多趋保守，认为"祖制不可变"，这严重地摧残和遏制了民间对天文历法的研究。

到了明代，历法已经年久失修，经常出现错误和偏差，所以修正历法已迫在眉睫。到了明末的崇祯二年（1629年），成立了"历局"，它是个临时的研究改历的机构，其任务就是编纂一部《崇祯历书》。"历局"的成立，意味着西方经典天文学从此系统地传入中国，是中西天文学交流沟通的开始。

"历局"在徐光启（礼部尚书兼文渊阁大学士）主持下，*李天经*、*汤若望*等人，经过十多年的辛勤工作，终于在 1634 年 12 月完成了卷帙浩繁的《崇祯历书》，共计 46 种 137 卷。《崇祯历书》的编撰完成，标志着中国天文学从此纳入世界天文学发展的共同轨道，在中国历法发展史上是又一次划时代的进步，是迄今为止，中国历法大改革中的最后一次。

崇祯皇帝对*汤若望*等人的工作十分赞赏，1638 年底，曾亲赐御匾一方，上面亲书"钦褒天学"四个大字。

1644 年（清朝顺治元年），清军进入北京，明朝灭亡。*汤若望*以其天文历法方面的学识和技能受到清廷的保护，受命继续修正历法。

1645 年，*汤若望*下了很大功夫，对卷帙庞杂的《崇祯历书》进行删繁去芜，整理修改，增补内容，把原来的 137 卷压缩成 70 卷，另外增补了 30 卷，合成 30 种 100 卷，取名《西洋新法历书》。他将《西洋新法历书》上呈朝廷，说服了睿亲王多尔衮，决定从 1645 年开始，将此历颁行天下，由多尔衮定名《时宪历》。"时宪"两字截自《书·说命中》的"惟天聪明，惟圣时宪"句。时宪的意思是以天为法建立法制，以后就把当时国家的法令称为"时宪"。

后来到了乾隆年间，为了避开乾隆名字（弘历）的忌讳，把《时宪历》改称《时宪书》。*汤若望*得授钦天监监正，这是中国历史上的第一个洋监正，开创了清朝任用耶稣会传教士掌管钦天监的先例，并由此延续了将近二百年之久。

从此以后，《时宪历》成为我国每年编制历书和各种天文推算的依据，直至今天，它仍然是我国编制历法的基础。现在我们所用的"农历"，就是根据《时宪历》，先后经过康熙二十三年 (1684 年) 和乾隆七年 (1742 年)，分别采用西方第谷和牛顿的数据作为"岁实"修订而成的。在 20 世纪，民间还有老人将历书叫成"时宪书"。

汤若望根据他的西方科学理论，研究编制适合中国实情的历法，因此他先后受到崇祯、顺治、康熙皇帝的最高礼遇，甚至短命的大顺皇帝李自成也对他非常尊重。

顺治皇帝非常钦佩汤若望的道德与学问，与他保持很好的关系，并且尊他为"玛法" (满语，尊敬的老爷爷)。他经常来往于皇宫与汤若望居住的南堂 (北京最古老的天主教堂)，与汤若望叙谈，无需太监们的传唤，也免除了觐见时的叩跪之礼。汤若望曾经治好了孝庄皇太后的侄女、顺治帝未婚皇后的病，为此皇太后对汤若望非常感激，认他为"义父"。到后来，一些事关国家前途的重大问题，也会征求汤若望的意见。例如，24 岁的顺治帝得天花病重不起，但还没有确定皇太子。他临终前请汤若望给他建议。汤若望知道天花的危害很大，于是他建议立一个曾经出过天花的三皇子当皇上，这个人就是后来的康熙——玄烨。

康熙皇帝封汤若望为"光禄大夫",官至一级正品,他是唯一的能够自由进出皇宫的外国人。

可是现实往往是无情的。如此功高盖世、飞黄腾达的汤若望,晚年竟然遭遇灭顶之灾,险遭凌迟处死!

1661 年,顺治病逝,八岁的康熙登基,此时,汤若望已经是年近七十的迟暮老人了,却成为宫廷斗争的牺牲品。辅政大臣鳌拜等反对西洋学说,怂恿一名不学无术的文官杨光先弹劾汤若望,说汤若望等传教士有三条大罪:潜谋造反,邪说惑众,历法荒谬。于是,1664 年冬,鳌拜废除《时宪历》,恢复《大统历》,逮捕了已经中风瘫痪的汤若望和比利时传教士南怀仁等 30 余人,判决汤若望等人绞刑,汤若望义子潘尽孝等人俱判斩立决。在汤若望等人经初审被判处绞刑之后,曾进行了一次用中国、回回和西洋三种观测法,同时预测日食时间的实际检验活动。结果南怀仁等人据西洋历法预测的日食时间与事实相符,最为精确。但是,在杨光先等人的进一步诬告下,对汤若望等人的处罚非但没有减轻,反而加重了:由绞刑变成了最残酷的凌迟。按照判决,次年汤若望应凌迟处死。但不久天上出现了被古人认为不祥之兆的彗星,京城又突然发生了 6 级大地震,皇宫遭到破坏,皇后和皇帝居住的宫殿着火,这显然吓坏了清宫统治者。按照惯例,朝廷颁布全国大赦,于是汤若望得以免死,很快又得到孝庄太皇太后的特旨释放,潘尽孝也免去一死,而其他的从事西学的汉人,还是被斩头。至此,徐光启在崇祯年间，精心培养的一大批汉人的西方数学天文专家，被彻底杀灭扫荡干净。

1666 年 8 月 15 日，*汤若望*病死于寓所南堂，享年 75 岁。他在中国历时 47 年，除了完成《时宪历》的改编，还向清廷进呈了珍贵的天文仪器和西方历书，撰写、译编了关于天文历法方面的巨著 30 余种，还有关于开采、冶金技术的巨著以及造大炮 20门。当然，还有大量的宗教著作。他对中国的贡献称得上是"鞠躬尽瘁，死而后已"。

1669 年，康熙给*汤若望*平反。康熙在对*汤若望*的祭文中说："鞠躬尽瘁，臣子之芳踪。恤死报勤，国家之盛典。尔*汤若望*，来自西域，晓习天文，特畀象历之司，爰锡通玄教师之号。"(为了避开康熙帝(玄烨)的忌讳，把"通玄教师"改为"通微教师")，并且宣布全国祭奠*汤若望*，把他葬入皇家陵园，在北京著名的利玛窦 (1552—1610, 意大利传教士) 墓的左右两侧，分别有南怀仁、*汤若望*的墓。

这就是历史上著名的历法案。这场以"历法之争"为名、实则为宫廷之争和两种不同文化较量的历案，所表现出的盲目排外，使中国付出了沉重的代价。

*祖冲之*和*汤若望*的事例充分说明，在历法改革历史上，修正历法往往并不是一帆风顺的，是正确与错误、先进与保守之间斗争的产物，有时还笼罩着政治斗争的阴影，在历史上为历法改革而献身者不乏其例。

(四) 穆斯林历 (回历)

公元 639 年, 伊斯兰教第二任哈里发欧麦尔, 为纪念穆罕默德于公元 622 年率穆斯林由麦加迁徙到麦地那这一重要历史事件, 决定把该年定为伊斯兰教历纪元元年, 并将伊斯兰教历命名为 "希吉来" (阿拉伯语 "迁徙" 之意)。通常用 A.H. (拉丁文 Anno Hegirae 的缩写) 表示。以阿拉伯太阳年岁首 (即儒略历公元 622 年 7 月 16 日) 为希吉来历元年元旦。

这个伊斯兰教历法, 为世界穆斯林所通用, 在我国也叫**回回历**或**回历**。主要用在新疆、甘肃、宁夏、青海以及全国穆斯林集聚的地方。

它是一种纯粹的太阴历, 完全是根据月球围绕地球旋转的周期决定的。它采用的也是朔望月, 一年分为 12 个月。单数月份为大月, 每月 30 日; 双数月份为小月, 每月 29 日, 但是第 12, 在 "平年" 中仍是 29 日, 在 "闰年" 中是 30 日。这样, 平年有 354 日, 闰年有 355 日。

这里需要说明的是, 这是一种特殊的闰法。在公历年中置 "闰" (在二月的末尾加一天), 是为了使公历年的平均年长接近回归年; 在阴阳历年中置 "闰" (根据节气, 在 19 年中插入 7 个闰月, 使得 19 年里的平均年长非常接近回归年)。那么, 在回历中, 规定哪些年是闰年呢? 它规定: 以 30 年为一周期, 每一周期的第 2、5、7、10、13、16、18、21、24、26、29 年, 共 11 年为闰年, 另外 19 年为平年。这样，在 30 年中，共有 10 631 日，计 360 个月，每月的平均长度是 29.530 555 6 日，与朔望月十分接近。这就保证了每月初一总是朔日。

这样在 30 年中，共有 10 631 日，平均每年为 354 日 8 小时 48 分，与公历年平均天数为 365 日 5 小时 49 分相比，少了 10 日 21 小时 1 分，大约每 2.7 个公历年，希吉来历就少了 1 个月，每 32.6 个公历年，希吉来历就少了 1 年。

这样一来，穆斯林的封斋和朝觐日期，在伊斯兰教历中是固定的，但是在公历中，每过 32.6 年，就每个月都轮到了。在人的一生中，春夏秋冬四个季节甚至每一个月，都有可能体会封斋和朝觐的不同感受，这就是伊斯兰教历的独特之处。

上面已经提到，由于采用如此复杂的闰法，保证了"每月初一总是朔日"，所以，伊斯兰教历从开始使用到 21 世纪初，在这 1 400 年期间，朔日的时刻与实际时刻的偏差仅仅落后了半天，可见它是相当精确的。

回历最大的特点是不置闰月，因为增加闰月违反了穆罕默德的教义。

回历保持其纯太阴历状态，一直延续到现在。为什么它没有成为世界通用的历法呢？原因就是它没有与回归年同步，12 个朔望月仅有 354 或 355 日，一年比公历的一年大约短 11 日，所以回历的年，经过 16—17 年后将寒暑颠倒、冬夏易位，与农业生产和人们的日常生活很不协调，所以未被人们普遍采用。

(五) 中国纪年法的演变

上面已经提到，在我国，自古以来采用的一直是四位一体的阴阳历。

在春秋战国时期，各国施行的六种历法 (包括黄帝历、颛顼历、夏历、殷历、周历、鲁历)，它们都取平均年长为 365 又四分之一日，故又合称为四分历。所以古夏历是古六历中的一种。

以后，每当改朝换代时，为了显示新皇朝的权威，都要改历。此时，还同时采用的是皇帝年号纪年和天干地支纪年。

到了汉朝时期，在公元前 104 年汉武帝元封七年颁行了《太初历》，后人称之为《汉历》。它是如同夏朝一样，以立春正月 (即夏正) 为"岁首"，以后除了极短时期以外，一直到清朝，在大约两千年时期间，都是用夏正，因而一般也叫《夏历》。

中国从辛亥革命的次年 (1912 年) 起采用公历年、月、日，但同时采用中华民国纪年和阴阳历，并称之为"夏历"或者"旧历"。

中华人民共和国是在 1949 年 9 月 27 日全国政协第一届全体会议上，决定采用公历纪年为新中国的纪年法 (就是民间俗称的"阳历")。同时采用阴阳历。

直到 20 世纪上半叶，我国仍然把现在所说的"农历"称为夏历或者旧历，而把公历称为西历或者新历。一直到六十年代末，才突然改夏历为"农历"。据网上资料说，《人民日报》的报头日历从 1948 年 6 月 15 日创刊以后长期采用"夏历", 后来从 1968 年元旦开始改用"农历", 从 1980 年元旦开始又去掉"农历"两字, 只标出干支纪年及夏历的月和日。现在作为规范用语的, 仍然是"农历"。

本人愚见, 可以依然采用"夏历", 或者采用"国历""汉历"。在本小册子中, 受制于规范用语, 仍然称之为"农历", 请大家切记: 它实际上是四位一体的"阴阳历", 而二十四个节气才是真正的农历。

三、农历的闰月与大小月

大家对于公历的闰法是很熟悉的，就是：凡是年数被 4 整除的年是闰年，其他的年是平年，但是年数被 100 整除而不被 400 整除的年仍是平年。我们常把这个规则叙述成"四年一闰，百年少一闰，四百年加一闰"。平年的二月有 28 日，规定闰年的二月有 29 日。公历中的大小月是固定的。

可是，在日常生活中，对于我国农历的闰法，我们却有些疑惑不解。我们往往会问：农历的闰月是如何设置的？大月小月变化不定，是怎么一回事？实际上，闰月是按照节气来安排的，大小月是根据朔望月的长度和朔的时刻确定的。

(一) 按照节气安排闰月

把全公历年分成二十四个节气：

月份	正	二	三	四	五	六
节气	立春	惊蛰	清明	立夏	芒种	小暑
中气	雨水	春分	谷雨	小满	夏至	大暑

月份	七	八	九	十	十一	十二
节气	立秋	白露	寒露	立冬	大雪	小寒
中气	处暑	秋分	霜降	小雪	冬至	大寒

特别地, 把第三行中的十二个节气称为"中气", 它们依次代表农历中的十二个月份。

在第五节中我们将会说明, 在每个世纪中, 二十四个节气在公历中的日期有比较确定的变动范围, 可是它们在农历中的日期却是很不确定的。

在农历中规定, 把紧挨着"立春"前后的一个"朔日"(新月) 定为正月初一, 以后的每个"朔日"定为该月的初一。这样, 农历平年 12 个月只有 354 天左右 (29.530 6×12=354.367 2), 比回归年少 11 天左右, 因此, 在农历中, 每隔二三年就必须插入一个闰月。

那么选哪一个月为闰月比较好呢? 我国历史上曾经有过不同的处理方法。从汉代开始, 就已经采用以下规定: 在每一个月中, 必须包含一个相应的代表月份的"中气"。因为两个相邻的中气之间的平均长度为 30.436 85 日 (365.242 2÷12=30.436 85), 这比朔望月的平均长度 29.530 6 日要长一些, 所以, 每个月的中气要比上个月的相应的中气推迟一些时日。如此继续, 必然使得有的月份的中气落在这个月的月末, 于是下个月就可能没有中气了, 它的中气将移至再下一个月的月初。当推迟到某个月中只有一个"节气"而没有"中气"时, 就规定这个月为上一个月的闰月, 它所在的这一年就是农历闰年。

例如, 2014 年中的农历闰九月 (这是不多见的) 是这样安排出来的:

农历月	正	二	三	四	五	六	七
节气	立春	惊蛰	清明	立夏	芒种	小暑	立秋
日数	初五	初六	初六	初七	初九	十一	十二
节气	雨水	春分	谷雨	小满	夏至	大暑	处暑
日数	二十	廿一	廿一	廿三	廿四	廿七	廿八

农历月	八	九	闰九	十	十一	十二
节气	白露	寒露	立冬	小雪	冬至	大寒
日数	十五	十五	十五	初一	初一	初一
节气	秋分	霜降		大雪	小寒	立春
日数	三十	三十		十六	十六	十六

说明: 代表九月的中气"霜降"推迟至九月三十日。如果不把九月定为闰月, 那么十月十五将是"立冬", 代表十月的中气"小雪"移至十一月初一, 使得十月无中气, 而且以后的节气与实际的气候都不相符了, 不利于农业生产和生活, 所以必须设置闰九月。

可是即使增加了一个闰九月, 那么代表十月的中气"小雪"还是前移到十月初一, 使得以后的中气都前移到月初了, 包括代表十二月的中气"大寒"。这样才造成到十二月十六日又是"立春"了! 这就是"一年两头春"现象。

《警世通言》中《卷三·王安石三难苏学士》记载了一个故事, 其中说到北宋的宰相王安石

(1021—1086) 曾经难倒了名儒苏东坡。他出了一个上联: "一岁二春双八月,人间两度春秋。"原来那一年是"一年两头春",而且是闰八月,有两个中秋。苏东坡"羞颜可掬,面皮通红了",竟无言以对。直到七百多年后的清朝嘉庆、道光年间,对联专家梁章钜 (1775—1849) 才对出了一个绝妙下联: "六旬花甲再周天,世上重逢甲子。" 60 年称为一个甲子,年过花甲的老人进入了第二个甲子。下联中的两个"甲"字妙对上联中的两个"春"字。更奇的是,在上下联中都用到了我国独创的农历 (节气、闰月和天干地支纪年),真是妙不可言!

2015 年是"年末立春年",它的节气表是这样的:

农历月	正	二	三	四	五	六
节气 日数	雨水 初一	春分 初二	谷雨 初二	小满 初四	夏至 初七	大暑 初八
节气 日数	惊蛰 十六	清明 十七	立夏 十八	芒种 二十	小暑 廿二	立秋 廿四

农历月	七	八	九	十	十一	十二
节气 日数	处暑 初十	秋分 十一	霜降 十二	小雪 十一	冬至 十二	大寒 十一
节气 日数	白露 廿六	寒露 廿六	立冬 廿七	大雪 廿六	小寒 廿七	立春 廿六

2016 年是"年内无春年",它的节气表是这样的:

农历月	正	二	三	四	五	六
节气 日数	雨水 十二	春分 十二	谷雨 十三	小满 十四	芒种 初一	小暑 初四
节气 日数	惊蛰 廿七	清明 廿七	立夏 廿九		夏至 十七	大暑 十九

农历月	七	八	九	十	十一	十二
节气 日数	立秋 初五	白露 初七	寒露 初八	立冬 初八	大雪 初九	小寒 初八
节气 日数	处暑 廿一	秋分 廿二	霜降 廿三	小雪 廿三	冬至 廿三	大寒 廿三

　　2017年又是"闰六月"的"双春年"，它的节气表是这样的：

农历月	正	二	三	四	五	六	闰六
节气 日数	立春 初七	惊蛰 初八	清明 初八	立夏 初十	芒种 十一	小暑 十四	
节气 日数	雨水 廿二	春分 廿三	谷雨 廿四	小满 廿六	夏至 廿七	大暑 廿九	立秋 十六

农历月	七	八	九	十	十一	十二
节气 日数	处暑 初二	秋分 初四	霜降 初四	小雪 初五	冬至 初五	大寒 初四
节气 日数	白露 十七	寒露 十九	立冬 十九	大雪 二十	小寒 十九	立春 十九

　　2033年是一个非常特殊的年。先看看它的节气日期表：

农历月	正	二	三	四	五	六	七
节气	立春	惊蛰	清明	立夏	芒种	小暑	立秋
日数	初四	初五	初五	初七	初九	十一	十三
节气	雨水	春分	谷雨	小满	夏至	大暑	处暑
日数	十九	二十	廿一	廿三	廿五	廿六	廿九

农历月	八	九	十	十一	闰十一	十二
节气	白露	秋分	霜降	小雪	小寒	大寒
日数	十四	初一	初一	初一	十五	初一
节气		寒露	立冬	大雪 冬至		立春 雨水
日数		十六	十六	十六 三十		十六 三十

在有的万年历中说，2033 年是闰七月，它的根据是八月中没有中气。但是一般采用的是闰十一月，其理由是置闰的月是从"冬至"开始观察的，当出现第一个没有中气的月份时，这个月就是闰月。

2033 年不但是"双春闰年"，而且还有一个奇异之处：在十一月和十二月中，都有三个节气，这更是不多见的现象。

从表 1 可以看出，一般规律是，在每 19 个农历年中有 7 个闰年。但是有极少数的例外。例如，1966 年是闰三月，相隔 18 年后的 1984 年是闰十月，再相隔 20 年后的 2004 年是闰二月。这说明从 1966 年到 1984 年，这 19 年中出现了 8 个闰年，而从 1966 年到 2003 年，这 38 年中仍然只有 14 个闰年。还有，从 2710 年到 2728 年，这 19 年中也出现了八个闰年，而从 2710 年到 2747 年，这 38 年中仍然只有 14 个闰年。从 1645 年到 2796 年，在这 1152 年中，也只有这两个例外。当然，这也说明，年数相差 19 年的倍数的年份，未必"同为闰年"或者"同不为闰年"。

表 1　部分农历年闰月表 (1900—2115)

年份	闰月	年份	闰月	年份	闰月	年份	闰月
1900	八	1903	五	1906	四	1909	二
1911	六	1914	五	1917	二	1919	七
1922	五	1925	四	1928	二	1930	六
1933	五	1936	三	1938	七	1941	六
1944	四	1947	二	1949	七	1952	五
1955	三	1957	八	1960	六	1963	四
1966	三	1968	七	1971	五	1974	四
1976	八	1979	六	1982	四	1984	十
1987	六	1990	五	1993	三	1995	八
1998	五	2001	四	2004	二	2006	七
2009	五	2012	四	2014	九	2017	六
2020	四	2023	二	2025	六	2028	五
2031	三	2033	十一	2036	六	2039	五
2042	二	2044	七	2047	五	2050	三
2052	八	2055	六	2058	四	2061	三
2063	七	2066	五	2069	四	2071	八
2074	六	2077	四	2080	三	2082	七
2085	五	2088	四	2090	八	2093	六
2096	四	2099	二	2101	七	2104	五
2107	四	2109	九	2112	六	2115	四

从表 2 中可以看出插入不同的闰月的年份数有很大的不同。

表 2　用作闰月的年份统计表 (1645—2796)

闰月	正	二	三	四	五	六	七	八	九	十	十一	十二	计
年数	6	26	56	68	83	70	61	30	10	9	6	0	425

罕见的农历闰年 (1645—2796) 有以下几个:

(1) 闰正月: 1651　2262　2357　2520　2539 2634

(2) 闰九月: 1737　1756　1832　2014　2109 2204　2223　2576　2720　2739

(3) 闰十月: 1775　1870　1984　2166　2318 2386　2481　2500　2595

(4) 闰十一月: 2033　2128　2147　2242　2614 2728

在 3358 年将首次出现闰十二月。

(二) 农历月的大小与朔望月的长短和朔的时刻有关

我们通常说, 朔望月的平均长度大约是 29.530 6 日, 也就是 29 日 12 小时 44 分 3.84 秒。因为它不是整数, 所以在一个农历年中, 必须有大小月之分, 大月有 30 日, 小月有 29 日。

在多数情况下, 在一个农历平年中, 有 6 个大月和 6 个小月; 在一个农历闰年中, 有 7 个大月和 6 个小月, 或者 6 个大月和 7 个小月 (例如 1993 年的农历年), 甚至于出现如 2006 年有 8 个大月和 5 个小月这种少有情形 (见附表一)。但有很多年明明是农历平年, 却有 7 个大月和 5 个小月 (例如 2003、2013、2016、2022、2029、2032、2040 年的农历年); 1979 年的农历年是闰六月, 两个六月都是大月; 1982 年的农历年是闰四月, 两个四月都是小月。

更加奇怪的是, 在一个农历年中, 经常有连续两个大月, 或者有连续两个小月的情形, 有时竟然会出现连续多个大月, 或者连续多个小月。例如在 1990 年的农历年中, 有连续 4 个大月 (九、十、十一、十二月); 在 2015 年的农历年中, 有连续 3 个大月 (七、八、九月)(见附表一)。

这是怎么一回事呢? 由于月球围绕地球旋转的轨道是椭圆, 旋转速度在变化, 这使得各个朔望月有长有短, 长的可达 29 日 17 小时多, 短的只有 29 日 9 小时左右。出现连续几个小月或者连续几个大月, 更是取决于朔的时刻, 也就是地球、月球和太阳运行到在一条直线上的时刻。朔的农历日期是初一, 但是它的时刻却有早有迟, 早的可在初一的凌晨, 迟的可在初一的前半夜, 两者可以相差将近 24 小时。

如果朔的时刻早, 那么这个月只能是小月; 如果朔的时刻迟, 那么这个月就是大月。如果朔的时刻特别早, 而这个朔望月又比较短, 就会出现连续两个小月; 如果朔的时刻特别迟 (接近子夜), 而这个朔望月和下个朔望月又比较长, 就会出现连续几个大月, 最多时可达 4 个连续大月。

例如, 2015 年农历三月的朔为公历 4 月 19 日

2 时 58 分, 朔望月的长度为 29 日 9 小时 7 分, 下一个朔望月 (农历四月) 的长度为 29 日 9 小时 52 分, 它们都比较短, 因而三、四月是连续两个小月。2015 年农历七月的朔为公历 8 月 14 日 22 小时 55 分, 而七、八、九这三个朔望月分别长为 29 日 15 小时 48 分、29 日 17 小时 24 分、29 日 17 小时 41 分, 它们都比较长, 而 22 小时 55 分加上这三个朔望月的总长度为 90 日 1 小时 48 分, 它超过 90 天, 所以会出现连续三个大月。

四、玫瑰与汤圆

关于情人节, 有一个动人的传说: 公元 3 世纪, 古罗马帝国残暴镇压基督教。青年神父圣瓦伦丁, 因为传播基督教义而被捕入狱, 得到了老典狱长和他双目失明的女儿的同情和帮助。圣瓦伦丁在临刑前给姑娘写了封含情脉脉的长信, 表明他的光明磊落和对她的深深眷恋。在他被处死的当天 (公历 270 年 2 月 14 日), 盲女在他墓前种了一棵开红花的杏树, 以寄托自己的情思。于是这一天就被后人定为情人节, 用互相赠送礼物来表达情人之间的爱情。小伙子会把一枝含苞待放的红玫瑰送给女孩作为最佳礼物 (在希腊神话中, 玫瑰就是美神的化身), 而姑娘则以一盒心形巧克力作为回赠的礼物, 因为巧克力成分之一苯基胺能引起人体内荷尔蒙的变化, 跟热恋中的感觉相似。

从西方 "进口" 的情人节与我国沿袭了几千年、热热闹闹吃汤圆的元宵节 (农历正月十五), 本来是毫不相干的两件事。由于在 2014 年它们正好是同一天, "送玫瑰" 和 "吃汤圆" 相遇了! 于是引起了人们(特别是中青年)极大的关注, 娱乐界、商界纷纷闻风而动, 婚姻登记处的工作人员更是忙得不可开交。

其实, 这种"双节合一"现象, 并不是稀罕、难遇的巧合, 而是可以简单计算出来的重复出现的历法现象。一般来说, 每隔 19 年就会"合一"一次。上一次是 1995 年, 下一次要到 2033 年了。

(一)"双节合一"现象的周期

大家知道, 现在世界通用的公历是格里历, 它是在 1582 年 10 月 15 日, 由罗马教皇格里高利十三世颁布实施的。把地球绕太阳转一圈所需的时间称为一年(回归年), 它近似为 365.242 2 日, 就是 365 日 5 小时 48 分 46 秒。可是一个公历平年只有 365 日, 每年要少了大约 6 小时, 所以必须要插入一些闰年加以补足, 规定闰年的方法是"四年一闰, 百年少一闰, 四百年加一闰"。把每一个闰年中的二月规定为 29 日。

我国目前所用的农历中的一个月是朔望月, 它近似为 29.530 6 日, 12 个月合成一年, 共有 354.367 2 日。可是一个农历平年, 通常只有 354 日(6 个大月, 每月 30 日; 6 个小月, 每月 29 日), 也需要加闰。

一个公历年平均是 365.242 2 日, 一个农历年平均是 354.367 2 日, 每一年要相差大约 11 天。可是公历与农历必须匹配, 保持基本同步, 否则的话, 就要经常在夏天过农历新年了! 为此, 我们的祖先制定了科学精确的农历闰月方法, 那就是在每个 19 年中安排 7 个闰年, 在每个闰年中插入一个闰月, 这就是应该把"农历"称为"阴阳历"的原因。在这个农历中, 闰年和闰月的设置方法比较复杂, 在第三节中已经作了说明。

现在要问: 这种闰法, 能不能确保公历与农历日期的"合一现象"每隔 19 年重复一次呢? 我们来计算一下:

19 个回归年中有

$$365.242\,2 \times 19 = 693\,9.601\,8 \text{ 日}$$

$19 \times 12 + 7 = 235$ 个朔望月中有

$$29.530\,6 \times 235 = 6\,939.691\,0 \text{ 日}$$

两者非常接近。这说明, 任意选定一天作为起始点, 地球绕太阳转 19 圈所需的时间, 与月球绕地球 (视运动) 转 235 圈 (19 个阴历年) 所需的时间, 几乎相等! 于是, 一切又回到了起始点, 所以"19 年重复合一一次"现象并不是罕见、难遇的巧合。

当然, 上述两个数字毕竟还有些偏差, 每过 19 年, 后者比前者多了 2.14 小时, 所以不能确定地说: "情人节与元宵节日期的'合一现象', 每隔 19 年一定重复一次。"但是, 由于在现行历法中, 采用了有效的加闰措施, 对于以"天"为单位的日期计算而言, 在公历闰年中增加一天, 就自然地消除一些这种偏差的积累, 所以在整体上保证了这种偏差不会无限积累。这一点, 可以在下面表 3 和表 4 中得到佐证。因此, 可以一般地说: "情人节与元宵节日期的'合一现象', 每隔 19 年重复一次。"

需要进一步探讨的问题是：在每隔 19 年的一个轮回中，情人节与元宵节最多能够相差多少天呢？从表 3 和表 4 中可以看出：在 500 年的漫长时期内，每隔 19 年，情人节对应的农历正月日期与元宵节最多相差一到两天。

表 3　1604 年 2 月 14 日是元宵节

公历年	1604	1623	1642	1661	1680
农历正月	十五	十五	十六	十六	十五
公历年	1699	1718	1737	1756	1775
农历正月	十五	十五	十五	十五	十五
公历年	1794	1813	1832	1851	1870
农历正月	十五	十四	十三	十四	十五
公历年	1889	1908	1927	1946	1965
农历正月	十五	十三	十三	十三	十三
公历年	1984	2003	2022	2041	2060
农历正月	十三	十四	十四	十四	十三
公历年	2079	2098			
农历正月	十三	十四			

表 4　2014 年 2 月 14 日是元宵节

公历年	1615	1634	1653	1672	1691	1710	1729
农历正月	十七	十七	十七	十六	十七	十六	十七
公历年	1748	1767	1786	1805	1824	1843	1862
农历正月	十六	十六	十六	十五	十五	十六	十六
公历年	1881	1900	1919	1938	1957	1976	1995
农历正月	十六	十五	十四	十五	十五	十五	十五
公历年	2014	2033	2052	2071	2090		
农历正月	十五	十五	十四	十五	十六		

(二) 生日的公历日期与
农历日期的合一周期

更有意思的是，把上述"双节合一"问题推而广之，这种公历与农历日期的"合一问题"对每一个人都很有用。您的生日有公历日期和农历日期两个，可以一般地说，每过 19 年，这两个生日日期就会接近同一天。于是，在您的一生中有可能碰到 5 次。对此，您可以查一下万年历验证一下。

当然，大家感兴趣的问题是："生日的公历日期和农历日期合一现象，每隔 19 年，会相差几天呢？"结果会令人有所失望："难以精确地确定"，因为它受到多个因素的支配。在 500 年 (1601—2100) 的历史长河中，随机抽取十多个实例，发现对于随机取定的公历日期，对应的农历日期的变动范围是四五天。根据概率论中的大数定律，可以认为在概率意义上说，这是普遍正确的。事实上，这是由农历中"19 年 7 闰"和大小月的确定方法确保的。在一个人的一生中，每隔 19 年，生日的农历日期相差一两天的愿望，还是很可能实现的。

下面我们考察一个变动范围比较大的实例。

表 5 给出了公历 3 月 18 日对应的农历二月的日期表。

从此表中发现：公历 1696 年 3 月 18 日是农历 (丙子年) 二月十六，而 1715 年 3 月 18 日是农历

表 5　公历 3 月 18 日对应的农历二月的日期表

年号	日期	年号	日期	年号	日期	年号	日期
1601	十四	1620	十五	1639	十四	1658	十五
1677	十五	**1696**	**十六**	1715	十三	1734	十四
1753	十四	1772	十五	1791	十四	1810	十四
1829	十四	1848	十四	1867	十三	1886	十三
1905	十三	1924	十四	1943	十三	1962	十三
1981	十三	2000	十三	**2019**	**十二**	2038	十三
2057	十四	2076	十四	2095	十三		

(乙未年) 二月十三, 提前了三天。经过仔细分析, 发现在这 19 年中, 共有 109 个农历月是 29 日, 125 个农历月是 30 日, 再加上丙子年二月中剩下的 14 日和乙未年中开始的 13 日, 总共有

$$29 \times 109 + 30 \times 125 + 14 + 13 = 6\,938\,日$$

而从 1696 年 3 月 19 日到 1715 年 3 月 18 日 (中间有 3 个闰年), 共有

$$365 \times 19 + 3 = 6\,938\,日$$

这两者相等! 所以 "1715 年 3 月 18 日是农历二月十三" 是正确的。

之所以会 "提前三天", 是由农历的大、小月的设置规则引起的, 而大、小月的设定是为了确保朔日是正月初一, 这是必需的。

至于前面所说的, 19 个回归年中有 6\,939.601\,8 日, 235 个朔望月中有 6\,939.691\,0 日, 每过 19 年, 后者比前者多了 2.14 小时, 这仅仅是 "平均意义下的偏差", 与实际情况未必是一致的。

从表 5 中还可以看出: 从 1601 年到 2100 年, 这 500 年的历史长河中, 与 1601 年相差 19 年的倍

数的 27 个年份中, 对于取定的公历 3 月 18 日, 对应的农历二月的日期数中, 有 1 个是"十二"、10 个是"十三"、11 个是"十四"、4 个是"十五"、1 个是"十六"。由此可见, 日期还是很接近的, 绝大多数是"十三"和"十四"。

当然, 对于生日日期来说, 有一个特殊问题: 如果正好出生在农历闰月的某一天, 那么, 当然不能希望每年都能准确地过生日了, 除非"只认月份, 不认闰月"。因为在 1645—2796 年的 1152 年中, 只出现 6 个"闰正月", 所以, 对于情人节与元宵节合一问题来说, 我们不必考虑这个特殊问题, 当然, 也不必考虑连续过两个春节的问题。

关于生日的公历日期和农历闰月日期合一问题, 还可以得到哪些结果呢? 我们还是通过实例予以说明。

例 1　公历 2017 年 7 月 23 日是农历闰六月初一, 而 2036 年 7 月 23 日仍然是农历闰六月初一。但是 2055 年 7 月 23 日却是农历闰六月廿九, 到 24 日才是农历闰六月初一。

例 2　2014 年的农历有闰九月, 2033 年的农历有闰十一月。

从表 6 中可以看出: 从闰月开始的以后各月, 19 年后对应的月份数都加 1, 直到再遇闰月时, 减去 1, 恢复原来的规律。

进一步还可以发现:

2014 年 10 月 24 日是农历闰九月初一。

2033 年 10 月 24 日是农历十月初二。

表 6　闰月对生日的影响

公历			农历		公历			农历	
年	月	日	月	日	年	月	日	月	日
2014	1	31	正	初一	2033	1	31	正	初一
2014	3	1	二	初一	2033	3	1	二	初一
2014	3	31	三	初一	2033	3	31	三	初一
2014	4	29	四	初一	2033	4	29	四	初一
2014	5	29	五	初一	2033	5	29	五	初二
2014	6	27	六	初一	2033	6	27	六	初一
2014	7	27	七	初一	2033	7	27	七	初二
2014	8	25	八	初一	2033	8	25	八	初一
2014	9	24	九	初一	2033	9	24	九	初二
2014	10	24	闰九	初一	2033	10	24	十	初二
2014	11	22	十	初一	2033	11	22	十一	初一
2014	12	22	十一	初一	2033	12	22	闰十一	初一
2015	1	20	十二	初一	2034	1	20	十二	初一

2052 年 10 月 24 日是农历九月初三。

2071 年 10 月 24 日是农历九月初二。

2090 年 10 月 24 日是农历九月初二。

这说明：如果遇到生日在闰月，则仅仅在第一个"19 年末"，农历月份数加 1，以后就恢复原来的月份数。

以上两个结论，是不是一般规律呢？将有待于进一步探讨和论证。

五、中国独创的节气

　　在第二节中已经说明，确切地说，我们采用的"农历"实质上是阴阳历。它包含以下四个方面的内容：把"朔望月"作为一个月；在一个回归年中设置二十四节气；根据节气，在十九年中插入七个闰月；引入天干地支纪年法。

　　在这个阴阳历中，节气扮演了重要角色。我们详细地介绍一下。

(一) 二十四个节气是太阳历，
不是太阴历

　　说到节气，必须要纠正一个误解，那就是认为节气属于纯阴历，其实节气与月球运行没有关系，完全是由太阳的运动决定的。

　　我们把以地球为球心、无穷大为半径的假想球称为"天球"。把地球围绕太阳旋转的轨道平面称为**黄道面**，在地球上看，它就是太阳围绕地球旋转的轨道平面。黄道面与天球的相交圆 (就是太阳在天球上的视运动圆) 称为**黄道**。

二十四个节气是根据虚拟的"视太阳"在黄道上的位置来划分的。在天球上,"视太阳"围绕地球在黄道上逆时针方向移动 (见图 2)。"视太阳"从**春分点** (3 月 21 日前后, 黄经零度, 就是黄道与赤道的升交点) 出发, 按逆时针方向, 每前进 15 度设一个节气, 运行 180 度到达**秋分点** (9 月 23 日前后, 黄经 180 度, 就是黄道与赤道的降交点), 运行一周又回到春分点, 为一回归年, 合 360 度。因此一个回归年分为二十四个节气。

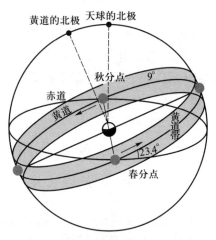

图 2　天球与黄道

正因为如此, 每个节气的日期在公历中是相对固定的, 而在农历中, 节气的日期很不确定。例如,"立春"最早可在上一年的十二月十五, 最晚可在本年的正月十五日。例如, 2015 年的"立春"是在春节之前的十二月十六。

综上所述，我国的节气安排既与公历相关，又与农业相配，是非常科学的历法。确切地说，我们是一方面根据月球与地球之间的运行规律制定出中国特有的阴历，另一方面又根据太阳与地球之间的运行规律制定出中国特有的二十四个节气。

(二) 二十四个节气，才是农业 安排的真正依据

二十四个节气是中国独创的，它的雏形距今至少已有三千多年。早在《易经》中就有"卦气说"，它把"易卦"与"节气"相结合，用来占卦和解释自然现象。

早在春秋战国时期，我国就已经能用土圭 (在平面上竖一根杆子) 来测量正午太阳影子的长短，以确定夏至、冬至、春分、秋分四个节气。一年中，土圭在正午时分影子最短的一天为夏至，最长的一天为冬至，影子长度居中的分别为春分和秋分。随着不断地观察、分析和总结，节气的划分逐渐丰富和科学，到了距今两千多年前的秦汉时期，已经形成了完整的二十四个节气概念。

下面，我们把二十四个节气的气候涵义简单叙述如下。

1. 立春、立夏、立秋、立冬合称"四立"，分别表示四季的开始。

2. 夏至、冬至合称"二至"，表示天文上夏天、冬天的极致(夏至的白天最长，夜间最短；冬至的白天最短，夜间最长)。

3. 春分、秋分合称"二分"，表示昼夜长短相等。"分"就是平分的意思。

4. 雨水表示降水开始，雨量逐渐增多。

5. 惊蛰表示春雷乍动，惊醒了蛰伏在土壤中冬眠的虫类。

6. 清明表示逐渐转暖、空气清新明洁、草木繁茂。

7. 谷雨表示雨水增多，有利谷类作物的生长。

8. 小满表示夏熟作物的籽粒开始灌浆饱满，但还未成熟，还不够满。(但是，没有大满节气。)

9. 芒种表示大、小麦等有芒作物已经成熟需要抢收，晚谷等夏熟作物也忙于播种，所以芒种也称为"忙种"。

10. 小暑、大暑、处暑中的"暑"是炎热的意思。小暑还未到达最热，大暑才是最热时节，处暑就是暑天即将结束的日子，"处"有躲藏、终止的意思。

11. 白露表示气温开始下降，天气转凉(民间有谚语"白露不露"，就是过了白露就不要赤膊、赤脚)，早晨草木上有了露水。

12. 寒露表示气温更低，空气已结露水，渐有寒意。

13. 霜降表示天气渐冷，开始有霜。

14. 小雪、大雪表示开始降雪，小和大表示降雪的程度。

15. 小寒、大寒表示天气进一步变冷,大寒是一年中最冷的时候。

每个节气有十五、十六天,分为三候:初候、中候和末候。这就是"气候"名称的来源。

由此可见,二十四个节气是我国劳动人民创造的辉煌文化,它能反映季节的变化,指导农事活动,所以才是真正的农历。

顺便说明一下,古代是根据黄河流域的气候、物候情况制定二十四个节气的。这里的"气"是天气、"物"是生物。"物候"指的是动、植物的生长、发育、活动规律与非生物性的变化,是对季节变化的反应。例如,植物在一年的生长中,随着气候的季节性变化而发生萌芽、抽枝、展叶、开花、结果及落叶、休眠等规律性变化的现象,称之为物候或物候现象。由于我国幅员辽阔,地形多变,各地的气候、物候有很大差异,再加上千百年来,气候条件的不断变化,所以在感觉上,这些节气与实际情况并不完全一致,只能作为参考。

我们的先祖把一年中的气候变化总结成"二十四节气歌":

　　　　立春阳气转,雨水沿河边。
　　　　惊蛰乌鸦叫,春分地皮干。
　　　　清明忙种麦,谷雨种大田。
　　　　立夏鹅毛住,小满雀来全。
　　　　芒种开了铲,夏至不纳棉。
　　　　小暑不算热,大暑三伏天。

立秋忙打靛，处暑动刀镰。

白露忙割地，秋分把地翻。

寒露不算冷，霜降变了天。

立冬交十月，小雪地封严。

大雪河叉上，冬至不行船。

小寒再大寒，转眼又一年。

还有"节气百子歌"也很有趣：

正月过年耍狮子，二月惊蛰抱蚕子，

三月清明坟飘子，四月立夏插秧子，

五月端阳吃粽子，六月天热买扇子，

七月立秋烧袱子，八月过节麻饼子，

九月重阳捞糟子，十月天寒穿袄子，

冬月数九烘笼子，腊月年关账主子。

(三) "冬九九"和"夏九九"

与节气有关的"冬九九"和"夏九九"，都形象地反映了气候暖与寒的变化过程。

历法规定：从冬至日 (12 月 22 日前后) 开始数"冬九九"，历经九九八十一天，到次年的 3 月 12 日前后为止。从夏至日 (6 月 21 日前后) 开始数"夏九九"，历经九九八十一天，到 9 月 10 日前后为止。

地面上气候的冷热，除了决定于太阳照射的时间长短以外，还与热量的积累与释放有关。

在冬至时，视太阳的位置在黄经 270 度，太阳光直射南回归线，是北半球白天最短、黑夜最长的日子, 但是并不是最冷的日子, 因为地面吸收太阳辐射所积累的热量尚未散尽。我们常说的是 "冷在三九"。

在夏至时, 视太阳的位置在黄经 90 度, 太阳光直射北回归线, 是北半球白天最长、黑夜最短的日子, 但是并不是最热的日子, 因为地面所积累热量的释放大约有一个月的延迟时间。我们常说的是 "热在三伏"。

(四) 节气日期移动范围

关于节气, 有一个被忽略的问题值得深入探讨。前面已经提到, 每个节气的日期在公历中是相对固定的, 但并不是确定不变的, 而是有一个移动范围。问题是如何找到最小的移动范围? 经过深入探索, 可以证明以下结论:

(1) 在不同的世纪, 节气日期的移动范围可能是不同的。

(2) 在每个世纪中, 每个节气日期的移动范围不会超过 3 天。

所以, 根本不存在各个世纪通用的节气日期的移动范围表。

对此, 我们依次给出以下论证和说明。

(1) 每个节气的交节时刻, 本质趋势是在往后移动的

地球围绕太阳旋转一周 (就是视太阳在黄道上旋转一周) 的时间是一个回归年, 大约 365.242 2 日,但是一个公历平年只有 365 日, 少了 0.242 2 天, 而节气是根据回归年划分的, 因此, 对于确定的一个节气来说, 各年中的节气交节时刻 (日、时、分) 是在往后移动的, 在相邻两年中, 后一年的交节时刻要比前一年的交节时刻延后大约 0.242 2 天, 即略小于 5 小时 49 分。

因为地球围绕太阳旋转的轨道是椭圆, 所以对应于相同角度的圆弧长度并不相同, 旋转速率不同, 这就说明对于确定的一个节气来说, 在相邻两年中的交节时刻延后的时间长度也略有差异。

这就是说, 对于每一个取定的节气来说, 它的交节时刻形成了一个递增的数列, 它的递增量不是完全固定的, 而是有一个**漂移区间**, 而且每个 60 分进位为 1 小时, 每个 24 小时进位为 1 日。

(2)"闰日"的功能就是把节气日期前移一日

每过一年, 每个节气的交节时刻往后移动大约是 5 小时 49 分, 略少于 6 小时, 每过四年, 每个节气的交节时刻往后移动的时间略少了 24 小时。因为在公历中规定"四年一闰", 具体的闰法是在闰年中的二月末增加一日, 所以每个"闰日"都及时地阻止了节气交节时刻的后移趋势。这就是说, 每个闰日都把上述那个递增数列中的那个日期数减少了 1 日。

(3)"闰日"对于节气日期的影响是不同的

因为"闰日"是在二月末, 所以它对于节气日期的影响分成两种情形:

① 在一、二月内的节气, 是在闰年以后的第一

年, 节气的日期往前移动一日。例如:

　　小寒: 2004 年 1 月 6 日 8 时 12 分,
　　　　　2005 年 1 月 5 日 14 时 4 分。
　　大寒: 2004 年 1 月 21 日 1 时 37 分,
　　　　　2005 年 1 月 20 日 7 时 24 分。
　　立春: 2004 年 2 月 4 日 19 时 53 分,
　　　　　2005 年 2 月 4 日 1 时 44 分。
(按照后移趋势应是 5 日 1 时 44 分, 现在往前移动
一天, 变成 4 日 1 时 44 分。)
　　雨水: 2004 年 2 月 19 日 15 时 46 分,
　　　　　2005 年 2 月 18 日 21 时 33 分。

　　② 在其余十个月内的节气, 是在闰年中的日
期往前移动一天。例如:

　　惊蛰: 2003 年 3 月 6 日 8 时 2 分,
　　　　　2004 年 3 月 5 日 13 时 53 分。
　　谷雨: 2003 年 4 月 20 日 19 时 58 分,
　　　　　2004 年 4 月 20 日 1 时 43 分。

　　(4) 不同世纪的节气日期表可能是不同的

　　每个世纪 1 年的节气时刻, 是由上个世纪末年
的同一个节气时刻, 经过漂移而得的。因为公历的
闰法是"四年一闰, 百年少一闰, 四百年加一闰",
所以, 每个世纪末年是不是闰年, 就决定了下一个
世纪 1 年的节气日期。正因为如此, 必须对不同的
世纪分别制定节气日期表。由于 2000 年这条"世
纪虫"的作祟 (它是 400 年才有一次的特殊的闰
年), 使得在 20 世纪与 21 世纪中, 节气的日期变动
范围有明显差异。

(5) 节气的日期变动范围不会超过三天

一般节气有"中位日期"(取为本世纪 1 年的日期)、"移后日期"和"提前日期"。但是有的节气只有"移后日期",而没有"提前日期";有的节气只有"提前日期",而没有"移后日期"。

从表 7 和表 8 中可以看出节气日期的移动范围(表中只给出公历日期):

表 7　20 世纪节气日期的移动范围表

节气	提前日期	中位日期	移后日期	月份	节气	提前日期	中位日期	移后日期
小寒	5	6	7	一	大寒	20	21	
立春		4	5	二	雨水	18	19	20
惊蛰	5	6	7	三	春分	20	21	22
清明	4	5	6	四	谷雨	20	21	
立夏	5	6	7	五	小满	21	22	
芒种	5	6	7	六	夏至	21	22	
小暑		7	8	七	大暑	22	23	24
立秋	7	8	9	八	处暑	23	24	
白露	7	8	9	九	秋分	23	24	
寒露	8	9		十	霜降	23	24	
立冬		7	8	十一	小雪	22	23	
大雪		7	8	十二	冬至	21	22	23

虽然有时由于过了午夜,会使得日期数加 1(移后一天),可是由于"四年一闰",遇到闰年,必然会把日期数减 1(提前一天)。所以,移动范围不会超过三天。

本书中的节气数表都是根据中华农历网:

http://www.nongli.com/item3/index.asp
提供的万年历制定的。

表 8　21 世纪节气日期的移动范围表

节气	提前日期	中位日期	移后日期	月份	节气	提前日期	中位日期	移后日期
小寒	4	5	6	一	大寒	19	20	21
立春	3	4		二	雨水		18	19
惊蛰	4	5	6	三	春分	19	20	21
清明	4	5		四	谷雨	19	20	
立夏	4	5	6	五	小满	20	21	
芒种	4	5	6	六	夏至	20	21	22
小暑	6	7		七	大暑	22	23	
立秋	6	7	8	八	处暑	22	23	
白露	6	7	8	九	秋分	22	23	
寒露	7	8	9	十	霜降	22	23	24
立冬	6	7	8	十一	小雪	21	22	23
大雪	6	7		十二	冬至	21	22	

(五) 节气交节时刻的近似计算公式

　　根据上述论证和说明, 容易得到节气交节时刻的近似计算公式。

　　取定某个世纪, 分别考虑决定节气交节时刻变动的以下两个因素:

　　(1) 对于每一个取定的节气来说, 它的交节时刻 (日、时、分) 形成了一个递增数列, 它的递增量不是完全固定的, 而是有一个漂移区间。为了求出近似计算公式, 不妨把它看成是一个递增的等差数列, 它的公差就是回归年与公历年的偏差 0.242 19 日, 也就是 5.812 6 小时。首项是取定的那个世纪 1 年的交节时刻, 把它记为 T_1。根据等差数列的求通项公式知道, 在本世纪第 x 年的交节时刻已经延迟到

$$T_1 + (x-1) \times 5.812\,6(\text{时})$$

(2) 每次遇到闰日, 节气交节日期就会向前移动一天。由于闰日是在二月末, 所以必须把所有节气分成两部分。

① 在一、二月份的四个节气, 是在闰年以后的第一年, 交节日期才会提前一天。到第 x 年时, 提前的总天数, 显然就是在这一年之前总共 "闰" 了几次, 这个总次数显然就是

$$\left[\frac{x-1}{4}\right]$$

这里的方括号是 "取整函数", 它的取值是方括号中那个数的整数部分。例如, 对于 $3 \leqslant A < 4$, 有 $[A] = 3$。所以, 对于这四个节气来说, 第 x 年的交节时刻近似公式为

$$T_x = T_1 + (x-1) \times 5.812\,6(\text{时}) - \left[\frac{x-1}{4}\right](\text{日})$$

例如, 对于 21 世纪的立春节气, 2001 年的时刻为

$$T_1 = 4(\text{日})2(\text{时})23(\text{分}) = 4(\text{日})2.383\,3(\text{时})$$

于是 2015 年的时刻为

$$T_{15} = T_1 + 14 \times 5.812\,6(\text{时}) - \left[\frac{14}{4}\right](\text{日})$$

$$= T_1 + 81.376\,4(\text{时}) - 3(\text{日})$$

$$= 4(\text{日})2.383\,3(\text{时}) + 3(\text{日})9.376\,4(\text{时}) - 3(\text{日})$$

$$= 4(\text{日})11.759\,7(\text{时})$$

$$= 4(\text{日})11(\text{时})46(\text{分})$$

而实际时刻是 4 日 11 时 58 分。

② 在后十个月份中的二十个节气, 是在闰年的当年, 交节日期提前一天。到第 x 年时, 提前的总天数显然就是到这一年为止, 总共"闰"了几次, 这个总次数显然就是

$$\left[\frac{x}{4}\right]$$

所以, 对于这二十个节气, 第 x 年的交节时刻近似公式为

$$T_x = T_1 + (x - 1) \times 5.812\,6(\text{时}) - \left[\frac{x}{4}\right](\text{日})$$

例如, 对于 21 世纪的惊蛰节气, 2001 年的时刻为

$$T_1 = 5(\text{日})20(\text{时})29(\text{分}) = 5(\text{日})20.483\,3(\text{时})$$

于是 2015 年的时刻为

$$T_{15} = T_1 + 14 \times 5.812\ 6(\text{时}) - \left[\frac{15}{4}\right](\text{日})$$

$$= T_1 + 81.376\ 4(\text{时}) - 3(\text{日})$$

$$= 5(\text{日})20.483\ 3(\text{时}) + 3(\text{日})9.376\ 4(\text{时}) - 3(\text{日})$$

$$= 5(\text{日})29.859\ 7(\text{时}) = 6(\text{日})5(\text{时})52(\text{分})$$

而实际时刻是 6 日 5 时 56 分。

必须要说明的是, 这个近似计算公式绝不是用来制定历法的依据, 所以它并没有实用价值。天文历法专家制定历法用的是实际测量结果, 建立动态模型 (历表), 以及采用一些近似计算方法 (插值或者拟合) 制作历法, 供实际应用。寻找节气近似计算公式的意义在于, 从浩如烟海的节气时刻表中, 归纳出一个简洁的数学公式, 使得历法内涵 (例如规律性等) 一目了然。虽然是近似的, 但是仍不失它的魅力!

六、干支纪年与属相

我国在各个封建朝代用的都是"皇帝年号纪年",同时还采用干支纪年。从辛亥革命的次年(1912年)起采用公元纪年,但是主要还是用中华民国纪年和干支纪年。1949年,全国政协第一届全体会议决定:中华人民共和国采用公元纪年,同时仍然采用干支纪年。由此可见,干支纪年一直受到宠爱,值得专题介绍一下。

干支纪年法是我国独创的,不但直到现在我们还在用它来纪年,而且还会一直用下去,可见它是多么的魅力无穷!

据史料记载,干支是中华始祖黄帝建国时(公元前2697年)命大挠创制的,所以,第一个甲子年是公元前2697年,是黄帝纪年的元年。

干支纪年较为成熟的时间是在夏商周三代(公元前2070年以后)。考古发现,在商朝(公元前1600年到前1046年)后期的一块甲骨上,刻有完整的六十甲子,可能是当时的日历(见图3)。

图3　六十甲子甲骨文

分别排出十个天干与十二个地支，并用十二种动物来配十二个地支：

天干：甲 乙 丙 丁 戊 己 庚 辛 壬 癸

地支：子 丑 寅 卯 辰 巳 午 未 申 酉 戌 亥

属相：鼠 牛 虎 兔 龙 蛇 马 羊 猴 鸡 狗 猪

《辞源》里说，"干支"取义于树木的"干与枝"，是主干与从属的关系。天和干相连叫天干，地和枝相连叫地支。

把天干与地支用以下方法按各自的次序依次配对：

甲子	乙丑	丙寅	丁卯	戊辰
己巳	庚午	辛未	壬申	癸酉;
甲戌	乙亥	丙子	丁丑	戊寅
己卯	庚辰	辛巳	壬午	癸未;
甲申	乙酉	丙戌	丁亥	戊子
己丑	庚寅	辛卯	壬辰	癸巳;
甲午	乙未	丙申	丁酉	戊戌
己亥	庚子	辛丑	壬寅	癸卯;
甲辰	乙巳	丙午	丁未	戊申

己酉　庚戌　辛亥　壬子　癸丑;

甲寅　乙卯　丙辰　丁巳　戊午

己未　庚申　辛酉　壬戌　癸亥。

到了癸亥年，十个天干与十二个地支正好全部用完，一共六十年 (60 是 10 与 12 的最小公倍数)。接下去是"天干"与"地支"都从头开始配对，即又从"甲子"年开始纪年。天干地支纪年每隔 60 年轮回一次，俗称一个**甲子**。

每个人都有一个终身不变的属相，这是中国独特的习俗。有了天干地支纪年法，就可方便地确定属相。

根据天干地支纪年法来确定属相的关键是，如何认定干支纪年的"岁首"，就是确定它是从哪一天开始的。民间采用的确定属相的方法有以下两种:

一种是把农历正月初一作为干支纪年的"岁首"。例如，认为 2016 年是丙申年，"申"对应"猴"，所以凡是在 2016 年的农历正月初一 (公历 2016 年 2 月 8 日) 开始，到农历年末 (已经是公历 2017 年 1 月 27 日了) 出生的人都属猴。

另一种是把"立春"作为干支纪年的"岁首"。例如，通常都说，2016 年是丙申年，但严格来讲，丙申年是自 2016 年 2 月 4 日 (立春) 起，至 2017 年 2 月 2 日 (2017 年丁酉年立春前一天) 止。因为，"未"对应"羊"，"申"对应"猴"，"酉"对应"鸡"。 2015 年 2 月 4 日是羊年第一天，2016 年 2 月 4 日是猴年第一天，2017 年 2 月 3 日是鸡年第一天。凡是在 2016 年 2 月 4 日到 2017 年 2 月 2 日之间出生的人都属猴，之前出生的人仍然属羊，之后出生的人才属鸡。

为了叙述方便，我们不妨分别称之为"春节说"和"立春说"，多年来这两种说法，因为各有所依，所以针锋相对、争论不息。本人认同后者。

持"春节说"观点的理由是应用方便，(虚) 年龄是按照春节计算的，属相自然要用新的，而"立春"的日期在农历中的变动范围很大，往往有"无春年"和"双春年"，用起来不大方便。

持"立春说"观点的理由如下。因为属相与干支纪年密切相关，而干支纪年与农历无关，所以采用正月初一作为"岁首"，显得有些勉强。因为第一个甲子年是公元前 2697 年，干支纪年与节气同是用公历计时的，而"立春"是二十四个节气之首，所以把"立春"作为干支纪年之"岁首"是比较自然的。我国古代就是把"立春"称为"春节"的。据此可见，一旦到了农历新年，就说是进入了新的干支年，这种说法是不妥当的。

这两种方法都在民间普遍使用，不存在正确与错误、好与不好之分，只是一个习俗问题，各有所爱，无所谓的。在众多万年历中，也可找到不同的说法。

时辰也是我们生活中的常用词。我国最晚从汉代开始，便已经将一昼夜等分成十二个时辰，并采用十二个地支来代表这十二个时辰，每个时辰相当于两个小时。

时辰:	子	丑	寅	卯
时段:	23—01	01—03	03—05	05—07
时辰:	辰	巳	午	未
时段:	07—09	09—11	11—13	13—15
时辰:	申	酉	戌	亥
时段:	15—17	17—19	19—21	21—23

例如, 在古代处斩犯人的时间是在"午时三刻", 就是十一时三刻 (精确地说是十一点四十四分), 此时太阳正当天空, 是一天当中阳气最盛的时候, 阴气即时消散, 使得此罪大恶极之犯, 连鬼都做不成, 以示严惩。还有, "寅吃卯粮"形容"计划不周使得入不敷出"的窘境, 专门指不会过日子的人。古代官厅在卯时会查点到班人员, 叫"点卯"。

关于属相, 还有一些有趣的故事。

有人发现, 十二个生肖的选用与排列, 是根据有关动物每天的活动时间确定的。

子时属鼠, 这时是老鼠最为活跃的时间。

丑时属牛, 牛习惯于夜间吃草, 这时是牛反刍 (把藏在胃内的半消化食物返回嘴里再次咀嚼) 的时间。

寅时属虎, 这时是老虎到处游荡觅食的时间, 最为凶猛。

卯时属兔, 这时月亮还挂在天上, 天上玉兔正忙于捣药, 人间的兔子出窝去吃带有晨露的青草。

辰时属龙, 这时容易起雾, 龙喜欢腾云驾雾, 正是神龙行雨的好时光。

巳时属蛇, 这时大雾散去, 艳阳高照, 蛇类出洞觅食。

午时属马，这时阳气正盛，野马四处奔跑嘶鸣，正是天马行空的时候。

未时属羊，这时是放羊的好时候，羊在这时吃草会长得更壮。

申时属猴，这时太阳偏西，猴子喜欢在此时啼叫，最为活跃。

酉时属鸡，这时夜幕降临，鸡开始归窝。

戌时属狗，这时狗卧在门前守护，开始守夜。

亥时属猪，此时万籁俱寂，猪正在酣睡。

值得注意的是，这十二个生肖的搭配也是很有寓意的。

第一组是鼠和牛。老鼠代表智慧，牛代表勤奋，智慧和勤奋需要互相结合。

第二组是虎和兔。老虎代表勇猛，兔子代表谨慎，勇猛和谨慎结合才能做到胆大心细。

第三组是龙和蛇。龙代表刚猛，蛇代表柔韧，刚柔并济才能克敌制胜。

第四组是马和羊。马代表勇往直前，羊代表平稳和顺，勇往直前的秉性，一定要与平稳和顺结合在一起。

第五组是猴和鸡。猴代表灵活，鸡定时打鸣，代表恒定，灵活和恒定要互相结合。

第六组是狗和猪。狗代表忠诚，猪代表随和，忠诚与随和结合在一起，才能保持内心深处的平衡。

很有趣的事情是，这十二种动物是按足趾的奇偶性，上、下配对排列的：

奇数趾的是：

　　　虎五趾，龙五趾，马一趾，猴五趾，狗五趾；

偶数趾的是：

牛四趾，兔四趾，蛇无趾，羊四趾，鸡四趾，猪四趾；

　　只有老鼠最特殊，前足四趾，为偶数；后足五趾，为奇数。

　　还有一件事情令人很惊奇，就是每个生肖各有缺乏的东西：鼠无牙、牛无齿、虎无脾、兔无唇、龙无耳、蛇无足、马无胆、羊无瞳、猴无臀、鸡无肾、犬无胃、猪无筋。人则是什么都不缺的高等动物。

　　噢！原来"牙"与"齿"是不同的：在后面辅助的是牙，在前面唇处的是齿。我们不是常说"唇亡齿寒""唇齿相依""咬牙切齿"和"笑掉大牙"吗？

　　为什么"猴无臀"？原来猴是四脚着地，其臀部不及人的臀部发达，臀部与大腿之间没有明显的分界沟。

　　我国的十二个生肖传到国外时，稍有变动。例如，日本把"猴"改成"猿"，越南用"猫"代替了"兔"（据说我国的猫是后来从埃及引进的)，印度是用"狮"和"金丝雀"分别代替"虎"和"鸡"，而朝鲜与中国的完全一致。

七、干支纪日与黄梅三伏

在我国南方长江流域，一到夏天，最难熬的是湿漉漉的"黄梅天"和闷热的"三伏天"。此时，总想弄清楚讨厌而又无奈的"梅雨"季节，它是怎么形成的？"出梅与入梅"的日期是如何确定的？"三伏天"是怎么一回事？为什么有的年是 30 天，而有的年却有 40 天？

(一) 什么时候是"黄梅天"

称为"黄梅天"的原因是，那时正好是江南杨梅成熟之时。由于在梅雨季节，衣物容易发霉，所以"梅雨"又称为"霉雨"。

首先讲一下"黄梅天"是怎么形成的。

在世界上，只有我国江淮地区以及日本东南部和朝鲜半岛最南部才有黄梅天出现。这就是说，梅雨是东亚地区特有的气象，在我国则是江淮地区特有的气象。

长江淮河地区处在欧亚大陆东部的中纬度 (北

纬 29 度至 33 度的地区)。每年从春季开始,南方暖湿空气势力逐渐加强,从海上进入大陆,从华南地区逐步增强北移,到了初夏后常常会伸展到长江中下游地区 (大致起自宜昌以东,到长江口入海),有时还可到达淮河及其以北地区。从南方北上的暖湿空气与从北方南下的强冷空气相遇,在交界处形成锋面,锋面附近产生降水,形成一条稳定的降雨带。这条雨带南北只有两三百公里,东西长却可达两千公里左右,横贯在长江中下游,向东一直可以伸展到日本东南部。梅雨属于锋面降水的性质。

那么,什么时候是"黄梅天"?

从汉代开始,我国就有不少关于黄梅雨的谚语和记载。在历史上虽然曾经有过不同的确定方法,但是入梅和出梅的确定都是根据节气并且结合干支纪日法来推算的。

与天干地支纪年法相同,干支纪日法也是把十个天干

甲、乙、丙、丁、戊、己、庚、辛、壬、癸

与十二个地支

子、丑、寅、卯、辰、巳、午、未、申、酉、戌、亥

依序搭配,共有六十种不同的配对方法,用来记六十日。

其实,我国在殷商时期已明确使用干支纪日法,它早于干支纪年法。据考证,它最迟在春秋时期鲁隐公三年 (公元前 720 年) 正月初二己巳日 (这一天发生了一次日全食) 已经开始记载了,至今从未错

记，这绝对是中国历法史上的一个奇迹。可是，在现有的很多日历中，都看不到干支纪日了，但是却有"出入梅"和"三伏天"的具体日期。殊不知，制定它们的根据就是干支纪日法！

传统的方法是按照干支纪日法规定，芒种后的第一个丙日（天干为"丙"的日期）为入梅，小暑后的第一个未日（地支为"未"的日期）为出梅。如果芒种当天的天干为"丙"，则就将该日定为入梅；如果小暑当日的地支为"未"，则就将该日定为出梅。因此每年的梅雨期未必相同。

例如，2016 年，芒种是 6 月 5 日，入梅是 6 月 13 日（丙寅日）；小暑是 7 月 7 日，出梅是 7 月 12 日（乙未日）。梅雨期是 29 天。

必须要说明的是，这仅仅是历法意义上的"正常梅雨"季节。实际上，由于实际气象情况千变万化，所以经常有"异常梅雨"出现。它有以下几种：

1．早黄梅：在芒种以前开始的梅雨。

2．迟黄梅：在夏至（它在芒种与小暑之间）以后出现的梅雨。

3．长黄梅：一般指梅雨期超过 30 天就算长黄梅。

4．短黄梅和空黄梅：梅雨期不足 10 天，称为短黄梅。没有梅雨的情形称为空黄梅。

5．倒黄梅：有些年份黄梅天似乎已经过去，出现盛夏的特征。可是，几天以后，又重新出现闷热潮湿的雷雨阵雨天气，并且维持相当一段时期。这种情况称为"倒黄梅"。

(二) 三伏天是怎么规定的

每年的"三伏天"是这样规定的: 从夏至开始, 依照干支纪日法的排列, 第三个庚日 (天干是"庚"的日期) 入初伏, 第四个庚日入中伏。如果第五个庚日已经进入立秋了, 则第五个庚日就是入末伏了 (这一年是早秋); 如果在第五个庚日时还没有到立秋 (这一年是晚秋), 则要到第六个庚日才入末伏。这就是常说的"进入立秋后第一个庚日为末伏"。三个伏天总称为"三伏"。

因为庚日每十天重复一次, 因此, "初伏"与"末伏"一定都是 10 天, 而"中伏"的长短取决于"立秋"的日期。如果在夏至后第五个庚日入了末伏, 那么三个"伏"都是 10 天, 总长 30 天; 如果在夏至后第六个庚日才入末伏, 那么由于中伏是 20 天, 所以"三伏"的总长为 40 天。

事实上, "三伏"为 40 天的年份比 30 天的年份多得多。例如, 1952 年到 1960 年, 1994 年到 2000 年的"三伏"都是 40 天。当然, 这并不是说是一定大热 40 天, 它们仅仅是历法的说法。

例如, 由表 9 可知, 2014 年的中伏是 10 天。由表 10 可知, 2016 年的中伏是 20 天。

谚语"梅里伏、伏里秋"说明: 在梅雨季节"入伏", 在三伏天"入秋"。

三伏天是一年中气温最高且又潮湿、闷热的日子。在中医中, "三伏天"的"伏"指的是"伏邪", 就是伏"六邪" (指: 风、寒、暑、湿、

表 9 2014 年的三伏表 (伏期 30 天)

夏至	一庚	二庚	三庚	四庚	五庚	立秋	六庚
6月21日	6月28日	7月8日	7月18日	7月28日	8月7日	8月7日	8月17日
干支	庚午	庚辰	庚寅	庚子	庚戌		庚申
			入初伏	入中伏	入末伏		出伏

表 10 2016 年的三伏表 (伏期 40 天)

夏至	一庚	二庚	三庚	四庚	五庚	立秋	六庚	七庚
6月21日	6月27日	7月7日	7月17日	7月27日	8月6日	8月7日	8月16日	8月26日
干支	庚辰	庚寅	庚子	庚戌	庚申		庚午	庚辰
			入初伏	入中伏			入末伏	出伏

燥、火) 中的"暑邪"。在夏日里,"暑邪"会深伏于体内,导致免疫力下降,到秋冬容易得病。黄帝内经中明确指出要"使气得泄,若所爱在外",所以,不要因为怕出汗而长时间躲在空调房里,冷饮不但消不了暑气,反而会伤了脾胃。

写到此处,产生一个疑问:干支纪日已经排定了几千年,难道在这漫长的历史时期内,气象、气候条件一直保持基本不变吗?现在人为地破坏地球生态和大气环境日趋厉害,所排定的"三伏天"和"黄梅天"还会是真实的吗?恐怕在不久的将来,它就只能作为考古之用了!

八、吴刚砍月桂

每当农历月的十五，一轮明月挂在空中时，遥对硕大皎洁的月面，人们总会浮想联翩：嫦娥奔月、玉兔捣药、吴刚砍树等，每一个都有一些美丽动人的故事。

据说，吴刚因为惹怒了天帝，被发配到月球上，罚他永不停息地砍伐一棵不死之树——月桂。月桂高达五百丈，随砍即合，纹丝不动。

这当然是神话传说。然而令人迷惑不解的是，为什么地球上的人，不管在哪个地区，不管在什么时间，所能看到的月球的整个图案都是一样的（吴刚砍月桂），而且总是永不改变的？为什么在地球上总是看不到月球背面的"庐山真面目"（见图4和图5）？

实际情况是，月球除了每月旋转一周的自转以外，还在围绕地球每月旋转一周（视运动）；而地球除了每天旋转一周的自转以外，还在围绕太阳每年旋转一周；同时，整个太阳系也是在宇宙中不停地运动着。由此可见，地球和月球实际运行的情况是非常复杂的。在如此复杂的变动状态中,为什么月面图案始终不变? 这就是孔子在《易经》中所说的"百姓日用而不知"现象吧!

图4　月球正面

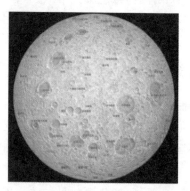

图5　月球背面

为了了解其中的奥妙,我们先设想一个模拟实验。在一个马戏杂技表演的圆形场地的中央,竖立一根大标杆。在圆形场地边缘上站立一个人,他眼睛盯住标杆。然后，他沿着圆形场地的边缘，围绕标杆逆时针作圆周旋转(公转)，但是，他的眼睛始终盯住标杆。显然，要做到这一点，他在公转的同时，必须要自转，而且，他必须保持公转的角速度始终与自转的角速度相同。例如，当他公转到四分之一圆周时，也正好自转了四分之一圈。当他完成公转一周回到原地时，也正好自转了一圈。这种旋转模式称为"**同步自转**"。

从这个模型中可以理解，一个人只有"同步自转"，才能保证眼睛始终盯住标杆。

现在回到"月球地球模型"，地球就是标杆，月球就是那个"旋转者"。地球上人所能看到的月球的图案总是相同且不变的原因，就是因为月球在围绕地球在作"同步自转"，好像有一个无形的巨棍连着地球和月球。看！原因就是这样简单！

接下来就产生一个问题：为什么月球会严格作同步自转呢？难道是上天刻意安排得如此精确吗？其实，这是由地球对于月球的潮汐力和月球的构造变化决定的。"同步自转"几乎是所有行星的卫星的普遍规律。

根据万有引力定律，地球与月球之间存在着互相作用的引力。地球上的潮汐现象(海水周期性涨落现象)，主要是由月球的吸引力造成的。同时，地球对于月球也有类似的吸引力，而且由于地球的质量远远大于月球，这个吸引力也远远大得多。这个力也使得月球产生潮汐现象，所以也称为潮汐力。不过，月球表面没有水，它的潮汐称为"固体潮"，表现为月球表面的升起和下降。原来的月球并不是绝对刚体，它在地球潮汐力的作用下会发生形变。初期月球的自转速率远远大于现在的自转速率，地球作用于月球的潮汐力使得月球结构产生了周期性的形变，这导致月球内部的物质产生周期性摩擦（潮汐摩擦），因而逐渐消耗月球的自转动能，使得月球自转速率逐渐减慢。在地球潮汐力的长期作用下，最终达到了现在的平衡状态（潮汐锁定），就是月球的自转周期与公转周期相同的同步自转状态。这时，地球作用于月球的潮汐力就保持为常量，不再变化了。

最后，顺便说一下关于月球的两件事情：

（1）月球的自转速率是固定的，但其公转速率并不是完全固定的，这种效应被称为天平动。月球在东西方向摇摆，因此我们有时可以看到59％的月面。当然，月面的另外41％的"庐山真面目"则是永远无法看到的。同理，如果有人位于月球上这41％的区域，那么也永远无法看到地球。

（2）月球上的陨石坑是由小行星或彗星撞击形成的。仅仅在月球面向地球的月面上，就存在着大约30多万个直径超过1公里的陨石坑。以名人的名字为月球地形命名的惯例开始于1645年。例如，有哥白尼坑和阿基米德坑。用中国人的名字命名的有以下6个：石申环形山、张衡环形山、祖冲之环形山、郭守敬环形山、万户环形山和高平子环形山。

在长期观测天象的基础上，战国时期齐国人甘德和魏国人石申两人各自写出一部天文学著作。后人把这两本著作合并起来，称为《甘石星经》，它是世界上最早的天文学著作。

第一个想到利用火箭飞天的人是万户，他被称为世界航天第一人。14世纪末期，明朝的士大夫万户把47个自制的火箭绑在蛇形飞车上，自己坐在上面，双手举着两个大风筝。他设想利用火箭的推力飞上天空，然后利用风筝平稳着陆。不幸火箭爆炸，万户也为此献出了生命。在1969年7月16日，国际天文联合会命名了万户环形山。

高平子(1888—1970年)，江苏省金山县(今属上海市金山区)人，是中国天文学事业的奠基者。曾任教于上海震旦大学，1948年到台湾，先后担任"中央研究院"数学研究所研究员、"中央大学"教授等职务。1983年国际天文联合会命名了高平子环形山。

九、月相是怎么一回事

　　大家可能还记得，在前几年，每天可以在电视上看到一部关于安全使用煤气的宣传片。有一位细腰大眼的女士正在厨房内关闭煤气总开关，广告语是："请在临睡前关闭煤气总开关"。为了表示是傍晚，还特地在窗外配上一个呈 C 字形的月相🌙。其实这是违反天文常识的，估计这位宣传片设计者并不知道月相是怎么形成的。

　　在图 6 中的大球称为"天球"，它是以地球上的一个观察者的眼睛为球心、以无穷大为半径所作的一个假想的球。在地球上的人所看到的天象是太阳在围绕着地球旋转，实际上是地球在围绕着太阳旋转。当然，这两个旋转轨道所在的平面是同一个平面，称为"黄道面"。月球围绕地球旋转的轨道平面称为"白道面"。这两个轨道平面的交角平均为 5°9′。这两个轨道平面与天球的交线 (是两个大圆) 分别称为"黄道"和"白道"，它们分别是地球和月球的实际轨道在天球内壁上的投影。我们好像是在看球面电影。月球从黄道面的下侧穿过去到上侧, 然后再穿过黄道面回到原来的一侧, 所以, 月球的运行轨迹与黄道面必有两个交点 (分别称为**升交点和降交点**), 图 6 上显示的是它们在天球内壁上的投影。

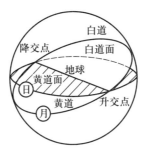

图 6　黄道与白道的交点

　　人们早就知道月球的表面是由岩石和尘土构成的, 它和地球一样自己不会发光。太阳照耀着月球, 我们看到的月光是太阳光的反光。因为只有月球直接被太阳照射的部分才能反射太阳光, 所以月相是天文学中, 对于地球上看到的月球被太阳照明部分的称呼。简单地说, 我们所看到的月球的各种圆缺形态叫**月相**。注意: 由于我们只能看到月球上被太阳照到反光的那一部分, 其阴影部分是月球自己的阴暗面, 是看不到的, 所以, 月相上的缺陷部分并不是由于地球遮住太阳光所造成的, 它们不是月食。

　　月球一个月绕地球运动一周, 说明太阳、地球、月球三者的相对位置在一个月中有规律地变动着。地球上的人所看到的、被太阳光照亮的月球部分的形状也有规律地变化, 从而产生了月相的变化。正因为如此，我们所看到的各种月相的弓背总是凸向太阳的，这个事实非常重要。

图 7 是各种月相形成的示意图。其中大圆的中心是地球，大圆上是月球在一个月中不同时期所处的实际位置，外圈是地球上的人所看到的不同的月相。

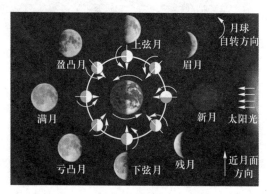

图 7　月相示意图

月相名称依次为 (逆时针方向):

新月 (朔日，农历初一)。因为太阳照亮的是月球的背面，所以我们看不到月球。只有当地球、月球和太阳接近在一条直线上时，太阳被月球挡住，才发生日食。

上娥眉月 (眉月，一般为农历初二左右到初七左右)。呈 D 字形 (▌) 的上娥眉月在傍晚时的西方天空中开始露面 (太阳下山了)，然后慢慢西落。以后，每天逐渐扩大亮面。注意: 凸面总是向着落日的方向。

72

上弦月 (农历初八左右)。月球露面方位继续逐渐向东移动, 亮的部分日益扩大逐渐成了半圆形, 然后慢慢西落。

盈凸月 (农历初九左右到十四左右)。亮的部分继续扩大成了两面不对称的凸圆状。

满月 (望日, 农历十五或十六)。月球与太阳遥遥相望, 我们看到的是一轮明月于傍晚时分在天空偏东方向升起, 在晨曦中西落。只有当月球、地球和太阳接近在一条直线上时, 月球被地球挡住, 才发生月食。

亏凸月 (农历十六左右到二十三左右)。亮的部分逐渐缩小成凸圆状。与盈凸月相对, 但是凸向相反。

下弦月 (农历二十三左右)。月球露面方位继续逐渐向东移动, 亮的部分日益缩小逐渐成了半圆形。凸面总是向着太阳升起的方向。和上弦月相反, 下弦月是另外一个半球被太阳照亮。

下娥眉月 (残月, 农历二十四左右到月末)。呈 C 字形 (🌘) 的下娥眉月在后半夜才在东方升起。继续亏缺, 成为黎明前挂在东方天空的一弯残月 (太阳升起来了)。它越来越接近太阳, 终于跑到和太阳相同的方向, 于是 "朔" 又来临了。

另外, 农历月的最后一天称为晦日, 即看不见月球。

综上所述, 可以归纳出上、下弦月的月相口诀:

上上上西西 D、下下下东东 C。

意思是:

上弦月出现在农历月的上半月的上半夜，月面朝西，位于西半天空，呈 D 字形。

下弦月出现在农历月的下半月的下半夜，月面朝东，位于东半天空，呈 C 字形。

民间还流传着关于所有月相的口诀：

　　　初一新月不可见，只缘身陷日地中。

　　　初七初八上弦月，半轮圆月面朝西。

　　　满月出在十五六，地球一肩挑日月。

　　　二十二三下弦月，月面朝东下半夜。

现在可以回答，为什么上述安全使用煤气的宣传片中图像是违反常识的。首先，一般地说，厨房的窗户都是朝北方向的，而在朝北方向是根本看不到月球的。其次，即使在朝南方向，那么在傍晚时所看到的月相应该呈 D 字形。

最后，还要说明以下 3 件事情：

(1) 上娥眉月和下娥眉月在大圆上的图案完全一样，可是所看到的月相的凸向却相反，这是由于地球上的人在看上娥眉月和下娥眉月时，方位是不同的，亮面总是凸向太阳。

(2) 因为黄、白两个轨道面是相交的，所以图 7 并不是一张平面图。地球、月球和太阳并不总是在一个固定的平面上。从图 6 看，只有当视太阳和视月球同时到达升交点或降交点 (通俗地说，是地球、月球和太阳在一条直线上)，而且又是朔或望时，才发生日食或月食。

(3) 从地球上看，月球和太阳一样，都是由东向西移动。但是，每个能看到月球的晚上，月球露面的时间, 在不同的日期却是不同的。上娥眉月在傍晚时的西方天空中开始露面, 不久就下山了; 下娥眉月在黎明前就挂在东方的天空, 然后向西移动, 直到天亮了看不见为止。也就是说, 每天晚上, 月球露面的方位是逐日由西向东移动的 (这恰好说明月球是由西向东围绕地球逆时针方向旋转的), 它的证据是月球每天西沉的时刻平均要推迟 49 分钟, 一个月下来, 大约是地球自转一圈的时间。由于地球也是由西向东逆时针方向自转, 但是自转速度大大超过月球围绕地球公转的速度, 所以, 我们看到的月球是由东向西移动的。

地球上任意一个地区的人, 都是把太阳升起的方向称为 "东", 把太阳落下的方向称为 "西"。当人面向南时, "东" 在左边, "西" 在右边。

十、月食和日食

2009 年日食的壮丽情景, 大家一定记忆犹新。那年 7 月 22 日, 我国出现了 500 年一遇的日全食奇观。此次日食是自 1814 年至 2309 年, 近 500 年的期间内, 在中国境内全食持续时间最长的一次, 时间超过 6 分钟 (最长日全食时间不会超过 7 分 30 秒), 而且这次日全食发生在中国人口十分密集的长江流域, 全食带覆盖的人口达到 3 亿之多。

这个天文奇观引起了大家的兴趣, 也产生了好多疑问: 虽然知道日食与月食并不是罕见的天文现象, 但是不很清楚它们是怎么发生的; 日食全过程是怎样演变的; 为什么首先是在西藏看到日食, 在上海看到的已将近结束了; 我国什么时候开始了解并且预报日食与月食的……我们分别来介绍一下。

(一) 月食与日食是怎样发生的

我们知道, 只有当太阳、月球与地球接近在一条直线上时, 才可能发生日食或月食。

首先,讲一下月食原理。见图8。

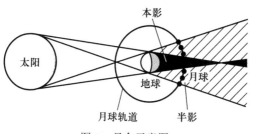

图 8　月食示意图

　　当地球运行到月球与太阳之间的时候, 也就是说, 从地球上看, 月球运行到与太阳遥遥相对的一侧时, 就发生月食, 太阳射向月球的光线被地球挡住了, 应该看到的月面残缺了。由于月球要从地球的投影区域内经过, 而地球比月球大, 所以从地球上看月球, 根据地球与月球之间的距离大小和方位的不同, 就有一部分甚至全部的太阳光线被地球挡住, 使得月球暗淡无光。这就是民间所说的 "天狗吃月亮"。显然, 月食只可能在满月 (农历十五) 时才可能发生, 而且由于月球与太阳的运行轨道并不在同一个平面上, 所以月食并不是在每个满月时都会出现。月食的持续时间比日食的持续时间要长些。

　　因为太阳比地球大得多, 所以地球的影子可以分为**本影**和**半影**两块。

　　如果月球进入半影区域, 整个月面的光度只是极轻微地减弱, 这种现象称为**半影月食**。多数情况下半影月食不容易用肉眼分辨。

如果月球完全进入本影区域,则全部阳光被遮掉了,这种现象称为**月全食**。

如果月球部分进入半影区域,部分进入本影区域,则依然可以看到部分月面,这种现象称为**月偏食**。

由于地球的本影比月球大得多,这也意味着在发生月全食时,月球会完全进入地球的本影区内,所以不会出现所谓月环食这种现象。

每年发生月食数一般为 2 次,最多发生 3 次,有时一次也不发生。因为在一般情况下,月球要么从地球本影的上方通过,要么在下方离去,很少穿过或部分通过地球本影,所以一般情况下就不会发生月食。

据观测资料统计,每个世纪中半影月食、月偏食、月全食所发生的百分比约为 36.60%, 34.46%, 28.94%。

其次,讲一下日食原理。见图 9。

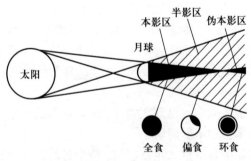

图 9 日食的类型

如果月球运行到太阳与地球之间, 就发生日食。此时从地球上看到太阳被月球盖住了, 使得太阳失去昔日灼热的光辉。显然, 日食只有在新月 (农历初一) 时才可能发生。

从图 9 中可以看到, 当地球上的观察者落入本影区时, 他看到的是日全食; 当他落入半影区时, 他看到的是日偏食; 当他落入伪本影区时, 他看到的是日环食。对此, 说明如下:

日全食: 当地球上某个观察者在月球本影区内时, 所看到的太阳表面完全被月球遮住。地球上被月球本影扫过的地带就可以看到日全食。

日偏食: 当地球上某个观察者在月球半影区内时, 所看到的部分太阳表面被月球挡住。它是最常见的日食现象, 在北极和南极一般只能观测到日偏食。

日环食: 当地球上某个观察者在月球伪本影区内时, 也就是月球到地球的距离大于月球到本影区锥顶端的距离时, 这时地面上的人看不到太阳表面的中间部分, 只能看到一个环形的太阳发光表面, 这种现象称为日环食。(见图 10)

图 10 日环食

(二) 日食全过程是怎样演变的

当月球从太阳与地球中间经过时，月影投射到地球表面，但是它投影在地球上的面积只是一小片区域。也就是说，当你看到日全食时，在几公里以外的另一些人也许只能看到日偏食，而更远地方的人们则有可能根本看不到日食。

随着月球自西向东围绕地球旋转，月影也将在地球表面不断变化着位置。一次日全食过程包括五个时期：初亏、食既、食甚、生光、复圆 (见图 11 和图 12)。这五个天文名词是中国古代天文学家创建的，两三千年来一直保留并沿用至今。

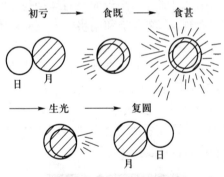

图 11　日食全过程示意图

对此，我们详细说明如下：

当我们面对太阳和月球时，习惯上称左为东、右为西。

初亏：由于月球自西向东绕地球逆时针运转，而且月球运行的速度大于太阳运行的速度，所以日食总是在太阳圆面的西边缘开始的。当月球的东边缘刚接触到太阳圆面的瞬间 (即月面的东边缘与日面的西边缘相外切的时刻), 称为初亏。初亏也就是日食过程开始的时刻。

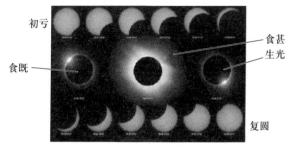

图 12　日全食全过程日面变化图

食既: 从初亏开始, 就是偏食阶段了。月亮继续往东运行, 太阳圆面被月球遮掩的部分逐渐增大, 阳光的强度与热度显著下降。当月面的东边缘与日面的东边缘相内切时, 称为食既。此时整个太阳圆面被遮住, 因此, 食既也就是日全食开始的时刻。在食既即将发生之前, 钻石环、贝利珠、日珥等天文奇观会出现在太阳的东边缘, 但几秒之内就会消失 (见图 13 和图 14 之左图以及图 15)。它们都是残余的太阳光从月球表面的山峦之间透出来的天文奇观。

食甚: 食既以后, 月轮继续东移, 当月轮中心和日面中心相距最近时, 就达到食甚, 就是日全食中间阶段。此时, 就出现 "**日冕**" 奇观 (见图 16)。日冕亮度大约是太阳亮度的一百万分之一, 或满月亮度的一半, 是我们观察太阳的最佳时机。

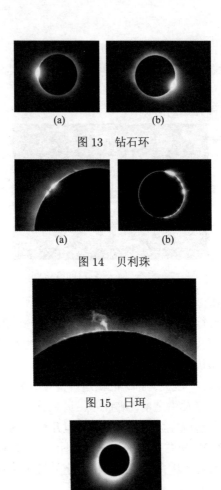

图 13　钻石环

(a)　　　　　(b)

图 14　贝利珠

(a)　　　　　(b)

图 15　日珥

图 16　日冕

生光：食甚是太阳被月球遮去最多的时刻。月球继续往东移动，当月面的西边缘和日面的西边缘相内切的瞬间，称为生光，它是日全食结束的时刻。

与食既时情形类似的, 在生光发生的一两秒钟时间内, 钻石环、贝利珠、日珥等天文奇观会出现在太阳的西边缘 (见图 13 和图 14 之右图以及图15)。

复圆: 生光之后, 月面继续移离日面, 太阳被遮蔽的部分逐渐减少, 当月面的西边缘与日面的东边缘相切的刹那, 称为复圆。这时太阳又呈现出圆盘形状, 整个日全食过程就宣告结束了。

(三) 全食带为什么自西向东移动

当月球自西向东围绕地球转动时, 它的影锥 (月球的影子) 就在地面上自西向东扫过一段比较长的地带 (影子跟着月球走), 在月影扫过的地带, 就都可以看到日食, 这条带就叫做**日食带**。带内发生日全食时就叫**全食带** (见图 17)。

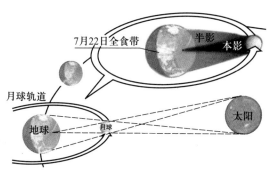

图 17　全食带示意图

由于全食带相对较窄，大约200千米，因此，看到日全食的机会对地球上的某一个具体地点来说，平均大约370年才能出现一次。例如在上海地区，上一次见到日全食是在1575年，2009年发生过一次，而下一次看到日全食则要到2309年了。

2009年的日食带，首先从不丹国西边进入我国西藏南部和云南西北部，随后扫向四川和重庆，接着进入湖北和安徽，又向东扫向江苏和上海，最后从浙江的舟山群岛入海而东去，这是一个很长的全食带。

(四) 我国发现月食和日食的历史

世界上最早的月食记录是中国的《诗经·小雅》中所记载的，发生在公元前776年(西周时期)的月食，比外国早55年。

中国是世界上较早有日食记录的国家之一。我国最早的记载是在《尚书·胤征》中，记载了夏朝第四代君王仲康年间，皇家天文官羲和因沉湎于酒，未能对一次日食做出预报，结果引起了混乱，羲和也因这次严重失职被处死。这就是著名的"仲康日食"，它可能发生在公元前1961年10月26日，远远先于公元前1063年7月26日发生在巴比伦南部的日食记录。

不过，需要说明的是：对于"仲康日食"的发生日期，在史学界一直是有争议的。

十一、星期的由来与七色表

用星期来叙述和记载日期的方法是全世界通用的, 连幼儿园的小朋友都知道一个星期有 7 天。但是, 如果要问: 它是哪一个国家首先规定的? 是从什么时候开始实施的? 为什么会被世界各国通用? 为什么选择 7 天? 众说纷纭, 很难给出确切的回答。

从应用角度来说, 规定 "一个星期是 7 天" 是一件非常不妥当的事情, 因为 7 是一个素数 (质数), 不可能确切表示 "半个星期、三分之一星期、四分之一星期" 各是多少天! 如果用 "一个星期是 12 天", 那么就方便多了。

(一) 星期的由来

我们发现, 古今中外, 人们常把 7 看作神数。为什么呢? 原因就是人们早就发现很多自然现象与数字 7 有关, 但因为没有办法把它弄清楚, 所以只好把它神化了。

例如, 人类最早了解的与人类生存密切相关的天体有 7 个: 太阳和月亮以及火、水、木、金、土五大行星, 于是古人就据此创造了以 7 天为一周的纪日制。据考证, 四千多年前, 苏美尔人非常崇拜天上的 7 个神, 并用这 7 个天神的名字来命名一个星期中的 7 天:

Sunday (太阳神, 星期日)。纪念太阳神。

Monday (月亮神, 星期一)。纪念月亮神, 她为太阳神之妻。

Tuesday (火星神, 星期二)。纪念名为 Tyr 的战神。

Wednesday (水星神, 星期三)。纪念名为 Woden 的死亡之神, 他是雷电之神 Thor 的父亲。

Thursday (木星神, 星期四)。纪念名为 Thor 的雷电之神。

Friday (金星神, 星期五)。纪念名为 Frigga 的婚姻女神, 她是 Woden 之妻, 是 Thor 的母亲。

Saturday (土星神, 星期六)。纪念名为 Saturn 的农业之神。

所以, "星期"可以理解成"星神的日期"。

又如, 人类早就发现在黑夜星空中用来指示方向的"北斗星"也是由七颗星 (天枢、天璇、天玑、天权、玉衡、开阳、摇光) 组成的。

于是, 人们特别崇拜神圣数字 7。最明显的例子是《圣经》。《圣经》上说, 神的灵运行在水面上。他在第一天造了光, 分出白昼与黑夜; 第二天造了空气 (天); 第三天造了地和海以及蔬菜与果实; 第四天造了太阳和月亮; 第五天造了鱼和鸟; 第六天造了兽、畜、虫和人;到了第七天,万物已造齐,称为圣日,他安息了!这就是说,在一片黑暗的混沌世界中,上帝花了六天时间,创造了宇宙万物,第七天为休息日。

后来,人们发现彩虹的颜色由红、橙、黄、绿、青、兰、紫七色组成;音乐中有七个音符:1、2、3、4、5、6、7;人的头部有七孔:双眼、双耳、双鼻孔和嘴巴;人体内主要内脏有七个:心、肺、肝、肾、脾、胃、肠;等等。

值得一提的是我国战国时代(公元前475—公元前221年)的齐国人甘德,他创造性地编制出中国最早的二十八宿星象图(是天球上黄道附近星体栖宿之地),它们分布在东、南、西、北四个方位,每个方向有七个星宿。这样,七个星宿为一个周期,东西南北四个周期就是二十八宿。

提请注意:在我国古代并不是用星期来记载和表示日期的,用的是干支纪日法。在明朝末年,当基督教传入我国的时候,星期纪日制才随之传入,所以,"星期纪日法"是"舶来品"。

最后说明一件事。因为基督教的耶稣被门徒犹大出卖后钉死在十字架上,三天后又复活,复活日正好在星期日,所以规定教徒们星期日必须到教堂去做礼拜,于是那一天也叫"礼拜日"或者"礼拜天"。由此可见,"礼拜"实际上是一个宗教名词。

(二) 七色表及其用法

经常有这种情形: 需要知道某一天 (例如, 某某人的生日, 明年的国庆节等) 是星期几, 但是手头又没有万年历可查, 或者, 查起来不太习惯, 怎么办? 最简单的方法是用《七色表》(附表二), 只需要几秒钟就可从中找到答案。

《七色表》由五个栏目组成: "星期栏目""月份栏目""日期栏目""公元年份栏目"和由红、橙、黄、绿、青、蓝、紫七种颜色组成的"七色栏目"。

查找方法如下: 先在"月份栏目"内找到所查月份所在的横行, 在"日期栏目"内找到所查日期所在的竖列, 在"七色栏目"中查到它们的交会处, 并记住这个颜色。再在"公元年份栏目"内找到所查年份, 在此行中往左查到所记住的颜色, 再往上在"星期栏目"内即可找到所需的星期数。

例如, 如果要查 1937 年 4 月 7 日是星期几, 先在"月份栏目"内查到 4 月, 在"日期栏目"内查到 7 日, 在它们交会处查到"黄"色。再在"公元年份栏目"内查到 1937 年, 往左找到"黄"色, 再往上即可找到是星期三。

在"公元年份栏目"中, 从上到下、从左到右, 年份数的排列很有规律: 每四个年数排完后, 跳过一个 (在闰年前跳一格), 继续往下排, 所以这个表格可以从前、后两个方向延伸。

这张《七色表》用起来非常简单, 但是似乎

"玄妙而不可琢磨", 如果您想知道它是怎样设计构造出来的, 那么可以继续往下看。

(三) 年代号公式

大家知道, 如果已经知道某年的元旦 (1 月 1 日) 是星期几, 那么这一年中任意一天的星期数是不难推算出来的, 只要正确求出这一天与元旦之间相隔多少天就可以了!

把公元 x 年元旦的 "星期数" 称为该年的 "**年代号**", 记为 N_x, 它的取值集合是 $\{1, 2, 3, 4, 5, 6, 0\}$, 其中 "0" 表示星期日, "1" 表示星期一, 等等。在本节中, 我们都是采用 "7 进制计数法": 凡是被 7 整除的数一律认为是 "0", 被 7 除后余数是 1 的数一律认为是 "1", 被 7 除后余数是 2 的数一律认为是 "2", 以此类推。

我们要找到一个能求出任意一年的年代号公式。

我们先假设公元 1 年的元旦是星期一, 也就是它的年代号 $N_1 = 1$。如果根据这个假设推导出来的公式, 所求出的每个年的年代号都是正确的, 那么, 这个假设当然是正确的了! 容易验证, 用如下方法推导出来的公式, 求出的年代号是正确的, 所以这个假设是正确的。

因为每个公历平年有 52 周加 1 天, 每个闰年有 52 周加 2 天, 根据公元 1, 2, 3, 5, 6, 7 年是平年, 而公元 4 年是闰年, 可依次求出

$$N_1 = 1, N_2 = 2, N_3 = 3, N_4 = 4$$

$$N_5 = 6, N_6 = 0, N_7 = 1$$

这就是说, 如果 x 是平年, 那么 $N_{x+1} = N_x + 1$; 如果 x 是闰年, 那么 $N_{x+1} = N_x + 2$。

如果年年都是平年, 那么年代号就非常容易确定, 就是 $N_x = x$。(当然用 7 进制计数法)。可是, 事实上, 我们采用的是"四年一闰, 百年少一闰, 四百年加一闰"的闰法, 就是年数被 4 整除的年份是闰年, 其他的都是平年; 可是被 100 整除的年份也是平年; 被 400 整除的年份又是闰年了。据此不难求出从公元 1 年到 x 年的前一年为止, 总共"闰"了

$$R_x = \left[\frac{x-1}{4}\right] - \left[\frac{x-1}{100}\right] + \left[\frac{x-1}{400}\right]$$

次。其中, 每个方括号 [ ] 的数值都表示其中那个数的整数部分。例如: 凡是方括号中的数小于 4, 但不小于 3, 那么这个方括号就是 3。

因为每"闰"一次, 就要多加一个"1", 所以立刻得到年代号的计算公式:

$$N_x = x + R_x(\text{还是采用"7 进制计数法"})$$

据此公式容易求出以下各年的年代号 (表 11):

表 11 部分年代号表

年份	2007	08	09	10	11	12	13	14	15	16	17	18	19	20	21
年代号	1	2	4	5	6	0	2	3	4	5	0	1	2	3	5

所以 2014 年元旦是星期三, 2015 年的元旦是星期
四, 2016 年的元旦是星期五⋯⋯容易查证, 这些星
期数都是正确的。

根据每一年的年代号, 就可以求出该年中任意
一天的星期数。

如果需要知道 x 年 y 月 z 日是星期几, 那么, 先
求出年代号 N_x. 再求出从 1 月 1 日算起, 到 y 月 z
日前一天的总天数 H(不包括 y 月 z 日这一天), 它
就是在前 $y-1$ 月中, 大月的月数乘上 31(或者乘上
3, 因为可以去掉 7 的倍数 28), 加上小月的月数乘
上 30(或者乘上 2), 再加上二月的 28 或者 29 天 (或
者加上 0 或 1), 再加上 $z-1$。最后把 $S = N_x + H$
除以 7, 所得的余数就是所要求的星期数。

以 1937 年 4 月 7 日为例说明之。

先求出年代号是 "5"。计算过程如下:

$$N_{1937} = 1937 + \left[\frac{1936}{4}\right] - \left[\frac{1936}{100}\right] + \left[\frac{1936}{400}\right]$$

$$= 1937 + 484 - 19 + 4 = 2406 = 343 \times 7 + 5$$

在 4 月 7 日前, 共有两个大月, 一个平月, 没有
小月, 再加上 6 天, 算得从 1 月 1 日算起, 到 4 月 6
日的 "总天数" (7 进制)

$$3 \times 2 + 6 = 12$$

所以最后得到数 5+12=17, 它除以 7, 得到余数
"3", 所以 1937 年 4 月 7 日是星期三。这是正
确的。

所以, 根据整个推导过程知道, 所得到的年代号公式是正确的。

(四) 月 代 号 法

如果您认为总天数 H 的计算太复杂了, 那么可以用以下的 "月代号法"。

因为如果知道某个月的 1 日是星期几, 那么一下子就可求出这个月的任意一天是星期几, 所以只要知道这一年中 12 个月的 1 日的星期数就可以了。这 12 个数字就构成了这一年的 "月代号数列", 这种数列是可以根据公历的大小月和闰法确定的, 而且有明显的规律性, 如表 12 所示。一般地说, 下一年的月代号是上一年的月代号加 1。但是遇到闰年就不一样了。表中有 24 个黑粗体数字, 表示比上一年对应的同月数字多 2, 这是由闰年二月多了一天造成的。

表 12 部分月代号序列

2010	5	1	1	4	6	2	4	0	3	5	1	3	平年
2011	6	2	2	5	0	3	5	1	4	6	2	4	平年
2012	0	3	**4**	**0**	**2**	**5**	**0**	**3**	**6**	**1**	**4**	**6**	闰年
2013	**2**	**5**	5	1	3	6	1	4	0	2	5	0	平年
2014	3	6	6	2	4	0	2	5	1	3	6	1	平年
2015	4	0	0	3	5	1	3	6	2	4	0	2	平年
2016	5	1	**2**	**5**	**0**	**3**	**5**	**1**	**4**	**6**	**2**	**4**	闰年
2017	**0**	**3**	3	6	1	4	6	2	5	0	3	5	平年
2018	1	4	4	0	2	5	0	3	6	1	4	6	平年
2019	2	5	5	1	3	6	1	4	0	2	5	0	平年

在上世纪末, 金福临先生给了作者一张从某处复印下来的小表格, 从表中可以查出若干年份的星期数来。作者追根溯源, 应用公历闰法的数学原理, 通过演算, 制作一些大容量的月代号数列表, 从中找出规律 (从表 12 中竖的方向查看, 不难看出规律性的一些端倪), 造出了这个方便使用的大表格, 且由于采用七种颜色表示七个月代号, 特将它取名为《七色表》。

十二、玛雅文明与世界末日

    在 2012 年之前较长的一段时期内，有一个挥之不去的话题："世界末日到了！"当然，大家都不相信这是真的，因为并没有人因此把钱财都吃光用光，人类照样在搞建设、促繁荣、创文明。

    其实，大家感兴趣的问题是：这个"世界末日"之说从何而来？具体到底是怎么说的？难道真的完全是无稽之谈吗？为什么还要斥巨资去拍电影《2012》？它有没有现实意义？

    首先，要介绍一下玛雅人和玛雅文明。

    在四千多年前，玛雅人定点群居在现在的中美洲墨西哥、危地马拉和洪都拉斯一带，并从采集、渔猎进入到了农耕时期。农业和定点群居孕育了玛雅文明。玛雅文明留给后人的主要遗产是许多大型石碑，特别是自从出现了象形文字以后，石碑上就有了记述历史的文字。此外，还有如金字塔等大型石料建筑物。玛雅人的建筑、雕刻和绘画是世界著名的艺术宝库。特别令人惊奇的是，他们创造了当时非常先进的玛雅历法。

玛雅的金字塔可说是仅次于埃及金字塔的最出名的金字塔建筑了。它们看起来不太一样：埃及金字塔是金黄色的，是一个四角锥形，经过几千年风吹雨打已经有点腐蚀了；玛雅的金字塔比较矮一点，也是由巨石堆成，石头是灰白色的，整个金字塔也是灰白色的，但是它不完全是锥形的。例如，位于墨西哥奇琴伊察的金字塔，它的顶端有一个祭神的神殿，四周各有四座阶梯，每座阶梯有91阶，四座阶梯加上最上面一阶总共有365阶，刚刚好是一年的天数 (见图18)。

图18　玛雅的金字塔

其次，介绍一下玛雅历法与玛雅预言。

玛雅王朝在10世纪后开始衰落，16世纪被西班牙殖民者毁灭。有两个传教士，看到了当地人信仰巫术与迷信，就放了一把火把他们所藏的古老典籍几乎全部给烧毁了。入侵的西班牙人烧毁了绝大多数玛雅文明的文字记载，仅留下三本玛雅古书，其中记载着从地球的创造起源开始的人类发展史，记述了许多神奇事迹。在留传下来的一本手抄卷

《德雷斯顿抄本》的最后一页，有关于世界末日场景的描述，该场景设想一场洪水将毁灭整个世界，就如电影《2012》中所描述的那样：喜马拉雅山即将被洪水淹没，最后大家乘上方舟逃生。

根据玛雅预言所说，我们所生存的地球，已经过了四个太阳纪，2012年是在第五个太阳纪。在每一个太阳纪结束时，地球上都会上演一出惊心动魄的毁灭性灾难。

第一个太阳纪是超能力文明。那时，人身高1米左右，只有男人才有第三只眼。女人怀孕前会与天上要投生的神联系，谈好了，女人才会要孩子。结果地球人类被一场洪水（有一说法是诺亚洪水）所灭。

第二个太阳纪是饮食文明，对饮食特别爱好。此时超能力已渐渐消失了，男人的第三只眼也开始消失。结果地球人类毁于地球南北磁极转换，被"风蛇"吹得四散零落。

第三个太阳纪是生物能文明。他们发现植物在发芽时产生的能量非常巨大，能穿透坚硬的泥土，于是发明了利用植物能的机器。结果地球人类是由于天降火与雨而毁灭的。

第四个太阳纪是光的文明。他们拥有光的能力，因此发生了一场核战争。结果地球人类也是在"火雨"的肆虐下引发大地震而毁灭的。

玛雅人对于日期的计算比其他许多文明古国都要精细。在由玛雅人发明的《长历法》中，1 872 000天（即约5 125.37年）算是一个轮回。它把第五个太阳纪开始时间追溯到玛雅文化的起源时间,即公元前3114年8月11日。经过1 872 000天,到2012年12月21日时,即完成了一个轮回,这就意味着第五个太阳纪结束。

一个轮回结束,长历法就应重新开始从头计算,又开始一个新的轮回。由此可见,所谓"世界末日"仅仅是一个重新计日的观念,与我们经常所说的"世纪末、年末、月末和周末"是同样的意思。因此,玛雅预言中关于2012年12月21日是世界末日的说法是一种被误解的说法。

其实,很多民族都有末日预言,但是为什么玛雅人所说的末日预言,会受到人们如此的重视,原因是玛雅历法的计算非常准确。从玛雅人的历法得知,他们早已知道地球围绕太阳公转时间是365日6小时24分20秒(现在测出的是365日5小时48分46秒),误差非常之小。对于其他星体的运行时间,他们也计算得非常准确。另外,他们所绘制的航海图十分精确。不知道玛雅人是不是拥有我们现代的科学技术,但是他们对天文及数学的精通令人叹为观止。此外,还有很多令人猜不透的谜。例如,他们把月球背面的图像刻在月亮神庙的门上当作装饰,可是我们在地球上是看不到月球的背面的呀!难道他们已经光顾过月球背面了吗?

最后,探讨一下这个"世界末日"预言的现实意义。

在玛雅预言中有一句警世箴言:"地球并非人类所有,人类却是属于地球所有。"这个预言精辟地指明了人类与地球的关系。同时玛雅人还预言了人类将会随着历史的演进，渐渐地遗忘这个关系。果然，在当今世界发展高科技时，人类恣意妄为地滥用地球资源，破坏生态平衡，以为自己是地球的拥有者，能主宰这儿的一切。人类自己种的苦果自己吃，自己酿的苦酒自己喝，制造灾难的恰好是人类自己，有无数的事实验证这一结论。玛雅预言中所描述的每个太阳纪结束时的灾难正在一一重演，这难道不值得我们深思吗？

附表一 农历大小月设置表
(2001—2040)

	一	二	三	四	五	六	七	八	九	十	十一	十二	大月	小月
01	+	+	−	+−	+	−	−	+	−	+	−	+	7	6
02	+	+	−	+	−	+	−	−	+	−	+	−	6	6
03	+	+	−	+−	+	−	+	−	−	+	−	+	7	5
04	−	+−	+	+	−	+	−	+	−	+	−	+	7	6
05	−	+	−	+	−	+	+	−	+	−	+	−	6	6
06	+	−	+	−	+	+−	+	+	−	+	+		8	5
07	+	−	+	−	−	+	−	+	+	+	−	+	6	6
08	+	−	−	+	−	−	+	−	+	+	−	+	6	6
09	+	+	−	−	+−	−	+	−	+	+	−	+	7	6
10	+	−	+	−	+	−	+	−	+	−	+	+	6	6
11	+	−	+	−	+	−	−	+	−	+	−		6	6
12	+	−	+−	+	−	+	−	+	−	+	−		7	5
13	+	+	−	+	−	+	−	+	−	+	−	+	7	5
14	−	+	−	+	−	+	−	+	+−	+	−	+	7	6
15	−	+	−	−	−	+	+	−	+	−	+	−	6	6
16	+	−	+	−	−	+	−	+	−	+	+	+	7	5
17	−	+	−	+	−	−+	+	−	+	+	+		7	6
18	−	+	−	+	−	+	−	+	−	+	+	+	6	6
19	+	−	+	−	+	−	−	+	−	+	−	+	6	6
20	−	+	+	+−	+	−	+	−	+	−	+		7	6
21	−	+	+	−	+	+	+	−	+	−	+	−	6	6
22	+	−	+	−	+	+	−	+	−	+	−	+	7	5
23	−	+−	−	+	+	−	+	+	−	+	−	+	7	6
24	−	+	−	+	−	+	−	+	+	+	−		6	6
25	+	−	+	−	−	+−	+	−	+	+	+	−	7	6
26	+	−	−	−	−	+	−	+	−	+	+	+	6	6
27	+	+	−	−	+	−	+	−	+	+	−		6	6
28	+	+	−	+−	+	−	+	−	+	+	−	+	7	5
29	+	+	−	+	−	+	−	+	−	−	+	+	7	5
30	−	+	−	+	+	−	+	−	+	−	+		6	6
31	−	+	+−	+	−	+	+	−	+	−	+	−	7	6
32	+	−	+	+	−	+	+	−	+	+	−	+	7	5
33	−	+	−	−	+	−	+	+	+	+−	+	+	7	6
34	−	+	−	+	−	+	−	+	+	−	+	−	6	6
35	+	−	+	−	−	+	−	−	+	+	−	+	6	6
36	+	+	−	+	−	−+	−	+	−	+	+	+	7	6
37	+	+	−	+	−	+	−	−	+	−	+	+	6	6
38	+	+	−	+	−	+	−	+	−	+	−		6	6
39	+	+	−	+	+−	+	−	+	−	+	−	−	7	6
40	+	−	−	+	+	−	+	−	+	−	+	+	7	6

注：“+”表示大月，“−”表示小月。其中双符号（例如“+−”等）表示闰月。

附表二　七　色　表

星期	一	二	三	四	五	六	日	公元年份								
日期	1	2	3	4	5	6	7									
	8	9	10	11	12	13	14									
	15	16	17	18	19	20	21									
	22	23	24	25	26	27	28									
月份	29	30	31													
十一(平)	红	紫	蓝	青	绿	黄	橙	1900	06		17	23	28	34		45
四 一(闰)七	橙	红	紫	蓝	青	绿	黄	01	07	12	18		29	35	40	46
九 十二	黄	橙	红	紫	蓝	青	绿	02		13	19	24	30		41	47
六	绿	黄	橙	红	紫	蓝	青	03	08	14		25	31	36	42	
三 二(平) 十一	青	绿	黄	橙	红	紫	蓝		09	15	20	26		37	43	48
八 二(闰)	蓝	青	绿	黄	橙	红	紫	04	10		21	27	32	38		49
五	紫	蓝	青	绿	黄	橙	红	05	11	16	22		33	39	44	50
十一(平)	红	紫	蓝	青	绿	黄	橙	51	56	62		73	79	84	90	
四 一(闰)七	橙	红	紫	蓝	青	绿	黄		57	63	68	74		85	91	96
九 十二	黄	橙	红	紫	蓝	青	绿	52	58		69	75	80	86		97
六	绿	黄	橙	红	紫	蓝	青	53	59	64	70		81	87	92	98
三 二(平) 十一	青	绿	黄	橙	红	紫	蓝	54		65	71	76	82		93	99
八 二(闰)	蓝	青	绿	黄	橙	红	紫	55	60	66		77	83	88	94	
五	紫	蓝	青	绿	黄	橙	红		61	67	72	78		89	95	2000
十一(平)	红	紫	蓝	青	绿	黄	橙	01	07	12	18		29	35	40	46
四 一(闰)七	橙	红	紫	蓝	青	绿	黄	02		13	19	24	30		41	47
九 十二	黄	橙	红	紫	蓝	青	绿	03	08	14		25	31	36	42	
六	绿	黄	橙	红	紫	蓝	青		09	15	20	26		37	43	48
三 二(平) 十一	青	绿	黄	橙	红	紫	蓝	04	10		21	27	32	38		49
八 二(闰)	蓝	青	绿	黄	橙	红	紫	05	11	16	22		33	39	44	50
五	紫	蓝	青	绿	黄	橙	红	06		17	23	28	34		45	51

说明: 表中一(平)和一(闰)分别表示平年和闰年的一月。
二(平)和二(闰)分别表示平年和闰年的二月。

郑重声明

高等教育出版社依法对本书享有专有出版权。任何未经许可的复制、销售行为均违反《中华人民共和国著作权法》，其行为人将承担相应的民事责任和行政责任；构成犯罪的，将被依法追究刑事责任。为了维护市场秩序，保护读者的合法权益，避免读者误用盗版书造成不良后果，我社将配合行政执法部门和司法机关对违法犯罪的单位和个人进行严厉打击。社会各界人士如发现上述侵权行为，希望及时举报，我社将奖励举报有功人员。

反盗版举报电话　　(010) 58581999　58582371

反盗版举报邮箱　dd@hep.com.cn

通信地址　北京市西城区德外大街4号
　　　　　高等教育出版社法律事务部

邮政编码　100120

读者意见反馈

为收集对教材的意见建议，进一步完善教材编写并做好服务工作，读者可将对本教材的意见建议通过如下渠道反馈至我社。

咨询电话　400-810-0598

反馈邮箱　hepsci@pub.hep.cn

通信地址　北京市朝阳区惠新东街4号富盛大厦1座
　　　　　高等教育出版社理科事业部

邮政编码　100029